U0144827

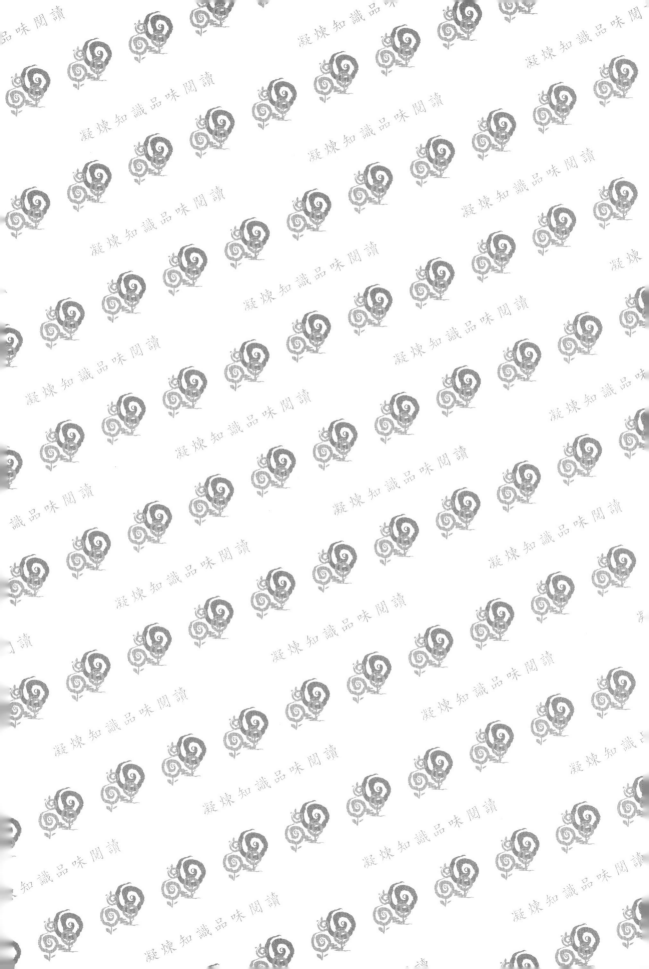

謝清祥、陳宏銘 ——— 編著

草坪管理實務

五南圖書出版公司 印行

序

在回臺灣教學研究沒多久就發現到處公園的綠地上都豎立了一個大大的「禁止踐踏草地」標牌，仔細看一下草地雖然大部分是綠色，但和國外相比，顏色不均，植栽也高高低低實在不甚理想。沒多久，有幸受邀參加體委會有關足球場重建的會議（紀政小姐主持），以準備承辦亞洲盃足球賽，當時就感受到運動場場地草坪管理的重要。因此開始了對這項科學與技術研究的興趣。剛好當時臺灣的環保團體對高爾夫球場的設置與其在環境中的衝擊產生疑慮，在臺灣中華民國高爾夫學會及中華民國高爾夫球場事業協進會環保小組的支持下進行了連續幾年的土壤、水體、農藥及重金屬檢測，同時也在學校開啟第一個草坪管理課程，正式走入了此科技範圍。常常自嘲著研究僅對著一個顏色「綠」，沒有太多變化，也是老天的幫忙讓這個領域的科技逐漸的被大眾接受，也讓我能持續不斷學習與成長直到今日，瞬間已過三十餘年。在眾多學界與業界的友人催促下終於提筆撰寫此書，但希望它是易讀易做也兼具些理論基礎。因此，特別邀請臺中鴻禧太平高爾夫球場執行副總陳宏銘（我的第一屆學習草坪科技的學生）利用他在業界同樣三十一年長久的實務管理經驗，協助撰寫運動場與高爾夫球場草坪管理的各項工作及技術，希望能讓讀者了解也能以此為基礎各別發展自己的管理特色。也藉此讓一般民眾了解各種不同類型的草坪、它們各別的特色和管理。在此，特別感謝揚昇高爾夫球場許典雅董事長、鴻禧太平高爾夫球場陳世坤董事長與中華民國高爾夫球場事業協進會理事長對草坪管理專業的重視及支持，致以最崇高的敬意和衷心的感謝。

謝清祥
陳宏銘

CONTENTS · 目錄 002

CHAPTER　1

草坪對現代生活有什麼好處？
有哪些不同的類型？它們的特
色？

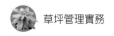

草坪的功能

什麼是草坪？它的結構與功能？

　　草坪是一個由眾多細小且密集的植物聚集而成，一個高品質的草坪在 10×10 平方公分內就有 400 個以上的地上莖（可各別生長，也有群體關係），因此彼此互相糾結互相扶持成長也至死亡及再生（圖 1）。

　　草坪由於是在小空間內就擠滿很多植體的團體組成，且大多屬於匍匐性禾本科（少數豆科，如蠅翼草）植物常具有分蘖或分枝性，除地上莖外也有些具有地下莖，因此，如有良好的生長條件下在土壤中生長形成一特殊的結構（包括地上莖部、草盤層及根部）（圖 1）。這樣的結構讓人們踏上去產生了彈性的感覺，但也因爲有這樣的結構讓草坪植株大多能一年復一年的生長（尤其是在熱帶地區的草種）。

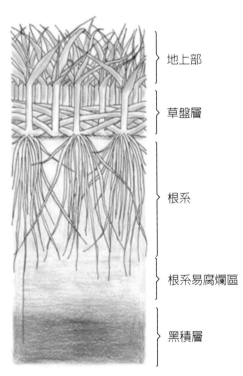
地上部

草盤層

根系

根系易腐爛區

黑積層

▎ 圖 1　草坪生長結構

　　草坪在現代生活的活動中多出現在運動場、公園、住宅或辦公室大樓周邊（少數中庭）、機場跑道周圍、公路邊坡或馬路中央分隔島及路邊等地方（圖2-圖12），因此它同時扮演了多種角色。最常見的功能包括提供人類運動、休閒活動、景觀布置、水土保持及交通安全。其餘還可以包含提供環境汙染控制（塵土降低及空氣品質提升），草坪的建立大多是產生一個開闊的空間，配合相關的草花和樹木成為美麗景致，給人們開闊愉快的感覺，可以舒緩長期在室內工作的壓力（療癒效果），在歐美的居住社區，管理草坪為居民必要的責任，好的社區草坪維護甚至可以提升房產的價值。

▌　圖2　居家草坪(1)

圖 3　居家草坪 (2)

圖 4　草坪與景觀

圖 5　歐洲宮廷花園草坪

圖 6　槌球場草坪

圖 7　高雄世運主場館

圖 8　路邊草坪

▌圖 9　高爾夫球場

▌圖 10　道路安全島草坪

草坪管理實務

▌圖 11 公園草坪

▌圖 12 英國植物園標本區草坪

不同類型的草坪及其特色

一般草坪在不同用途與功能上可分爲下列三種：

1. 運動草坪（包括足球、棒球、網球、木鎚球及高爾夫球等運動場地）。

2. 居住草坪（包括住家、工廠及公園等的休閒用草坪）。

3. 功能性草坪（包括道路周邊、中央安全島、公路邊坡、機場跑道周邊及水土保持地等）。

1. 運動草坪

主要是利用自然草類植被以提供人類各種運動及競賽等。當然因現代塑化科技的進展亦有人工草坪或人工與自然結合的草坪（如 2018 世足賽的部分場地）。這類草坪場地的需求以平整、平滑、彈性及美觀爲主，因此品質及管理的要求高，以避免產生不公平的競爭或對球員不安全的傷害。所以這類草坪的管理（施肥、施藥）密集度高，割草高度相對較低（一般小於 1-2 吋），割草頻率也高（每星期 1-2 次，甚至有時每天 1 次）（圖 11）。

2. 居住草坪

這類草坪主要提供人類一般的生活休閒活動（如 BBQ、野餐、放風箏等），或美化居住環境及景觀爲主。草坪主要建構於建築物周邊或公園等。這類草坪的主要需求休閒與景觀用途，因此以平整、密集、色澤及整體均勻度爲主。草坪管理上整體管理屬中度密集，割草高度於 1½-2½ 吋左右，割草頻率約每 1-2 星期 1 次。

3. 功能性草坪

　　這類草坪主要用於道路周邊、斜坡地、安全島及機場跑道周邊，主要提供部分景觀及安全或水土保持等爲主。草坪整體管理需求較低，割草高度在 2-3 吋左右，割草頻率約每月或每季 1 次。

　　除了上面一般常見的草坪外，還有一種特殊的草坪利用 —— 高爾夫球場草坪。這種場所也是屬於運動草坪的一種，但是它的草坪管理上因爲高爾夫運動的需求而建構一個特殊的區域，區域內有不同區域的草坪，主要有果嶺、球道、發球臺及粗草區等（圖 9）。各區有不同密集度的管理方式，尤其是果嶺屬於更高密集度的管理。高爾夫球場的管理在本書的後半段有專門的介紹可供讀者參考。

CHAPTER 2

草坪有什麼特殊品質需求？

草坪的特殊品質需求

人類建立草坪的目的在於能提供運動、休閒、美觀及安全用途，因此一個草坪建立後應該要符合這些需求。草坪主要展現的品質有：

1. 整體均一性

它要能展現一塊同樣顏色、高度、草種及無其他不同植物的存在，另外也不希望有開花的現象（會有高、低不一的花穗及顏色），這樣可以提供舒適及療癒的效果。在分級上多以 1（極不均）-10（完全均一）等級的視覺評估代表整體草坪均一的比率。

2. 色澤

雖然說草類都是綠色，但人們對綠色的喜好還是有深淺及明暗等差異，一般植物的綠色可以由淡黃綠一直加深到綠、深綠，甚至還有藍綠及暗灰綠等差別，但最能讓人眼睛感受舒適及喜愛的還是深綠色。同時，草類植物在肥分不足或逆境（如乾旱或高鹽環境下）時也會褪去應有的綠色，因此隨時保持較深的綠色也是重要的需求。它的深淺分級可用色卡將綠色由淺黃綠到深藍綠 10 個等級，或用葉綠素指標儀器表示。

3. 密度

草坪建立後在運動或休閒使用上需要能撐起球或具有彈性，這時就要有相當密集的植物地上莖才能達到這個目標，因此在單位面積內要有足夠的量（密度）就是一個重要品質。但是，不同用途的草坪其要求不同，一般運動場密度約在每 10×10 公分內要有 200 個以上的地上莖，居住草坪則為 100-200 個地上莖，功能性草坪則少於 100，比較特殊的高爾夫果嶺則要求在 400 個左右或以上。

4. 質地

這是要表現草坪整體的細緻或粗獷感覺的特質，細緻綿密如絲絨地毯的草坪表現是較受多數人所喜歡的。它的構成原因主要是草種間的「葉片寬度」不一，集體

呈現時就出現不同細緻或粗糙程度。一般分級為小於 1（極細緻）、1-2（細緻）、2-3（中等）、3-4（粗糙）、大於 4 公釐（極粗糙）等五級。

5. 平滑度

此特質是要表現草坪表面（或高度）平順整齊的感覺。草坪一般都有經常性的管理，但各別植株生長速度可能不同，或不同草種寬窄不一，或因機械問題影響割草品質好壞，或方向不同等多種因素，會造成草坪整體高度、軟硬、生長方向不一，如此就無法讓球場整體有平滑齊一的感覺，或球在場上滾動時會有礙或跳動等現象，這也是另一種在運動場上極重要的品質。測量上以草坪上球能滾動的距離來表現，滾動距離越長，平滑度越高。

6. 生長習性

一般草坪利用都有低矮、覆蓋及蔓延性，因此在選擇草種時對其生長的方式會較偏好低矮匍匐的習性，這種習性可以有多數的地上枝條（莖）多層次糾纏而產生綿密的草坪。但有些草種的生長屬於多分蘗型，向上直立，只要是耐低割且種子多能密集生長也可形成綿密草坪。也有草種兼具兩種特質而成為極佳的草坪草種。

7. 其他特色品質

除了上述一般品質外，草坪也有一些特色品質，如：彈性（包括對垂直壓力或側邊壓力後的回復能力）、堅固性（撐起上方物體如球等的力量）、割草及受傷後的恢復能力及草坪緊聚力（不易被扯開）等。當然還有一個「每次的割草量」，在正常管理下希望每次割草量維持不大幅的變動（冬季低溫除外），也不追求高量，這可以代表整體草坪品質穩定。由此可見草坪管理上追求隨時隨地的高品質是多麼不容易，這也正是草坪管理需要專業人員的原因！

筆記欄

CHAPTER 3

臺灣可以種植的草種有哪些？
草坪的繁殖方法有什麼不同
嗎？如何建立草坪？

常用於草坪的草種

草坪使用的草種依據當地的終年平均氣溫可以分為兩大類：

1. 冷季型草種

主要用於溫帶地區，一年內平均氣溫在 20-25℃左右（多季下雪除外）。常見草種如藍草族（肯塔基藍草、粗莖藍草及早熟禾等）、黑麥草（多年生與單年生）、小糠草（匍匐型）和藍草族（粗莖藍草）（圖 14-圖 16）。在臺灣僅可於中、高海拔（1,000 公尺以上）山坡地種植或用於特殊季節（多季果嶺交播）。

2. 暖季型草種

主要用於亞熱帶及熱帶地區，一年平均氣溫在 25-30℃左右。常見草種如百慕達草類（含雜交種）、結縷草類（闊葉、細葉及馬尼拉芝）、地毯草類（類地毯草及熱帶地毯草）、雀稗類（海雀稗、雙穗雀稗、兩耳草及百喜草），還有聖奧古斯丁草（鈍葉草）和假儉草（蜈蚣草）（圖 17-圖 35）。

▎圖 14 多年生黑麥草

圖 15　小糠草

圖 16　粗莖藍草

　　不同草坪利用通常有其特定的草種（或其品種），下列為不同草坪一般常用的草種（品種）：

1. 運動場地（棒球、足球、馬球等）

　　冷季型草：肯塔基藍草、小糠草或多年生黑麥草。冷季型草也常有不同草種混植的草坪，以提升品質或耐磨性，如黑麥草種是常在混種中被用為耐磨性的草種。

　　暖季型草：普通百慕達草、雜交百慕達草（Tifway 419）。

2. 居住草坪（含公園草地）

　　冷季型草：肯塔基藍草、黑麥草類、高狐草。

　　暖季型草：普通百慕達草、結縷草類、地毯草、聖奧古斯丁草、假儉草等。

3. 功能性草坪

　　冷季型草：高狐草。

　　暖季型草：地毯草、百喜草。

　　在臺灣（含熱帶區域）高爾夫球場使用的草種較特別，一般都用雜交百慕達草的不同品種。

1. 果嶺

　　Tifgreen (328)、Tifdwarf (Dwarf) 或超矮性的 Tifeagle、Champion 等。

2. 球道及發球臺

　　Tifway (419)、普通百慕達草、闊葉結縷草（或馬尼拉芝）、海雀稗等。

3. 粗草區

　　闊葉結縷草、假儉草、地毯草等。

臺灣常用草種特性簡介

1. 百慕達草（Bermudagrass）

　　爲熱帶地區全方位使用之草種，已研究發展出非常多商業品種，主要可分爲普通種及雜交種兩大類，各類別下有多樣化的品種可供不同環境及用途需求而選擇。

　　(1) 普通百慕達草（Common Bermudagrass）：喜歡全日照環境不耐蔭、植株顏色深綠、質地中等、中高密度、耐磨性高、生長快速、草坪磨損後恢復力高，是很好的運動場草種（棒球、足球及橄欖球等），可用種子、草莖或草塊繁殖（圖17 - 圖18）。

　　(2) 雜交百慕達草（Hybrid Bermudagrass）：爲高爾夫球場或運動場專業用草種，全日照不耐蔭、顏色綠至深綠、質地中等至細緻、高密度、耐磨性高、生長快速、恢復力高，沒有種子，只能用草莖或草塊繁殖（圖19 - 圖21）。

圖17　臺灣本土百慕達草草種 (1)

圖 18　臺灣本土百慕達草草種 (2)

圖 19　雜交百慕達草草種 (1) "Champion"

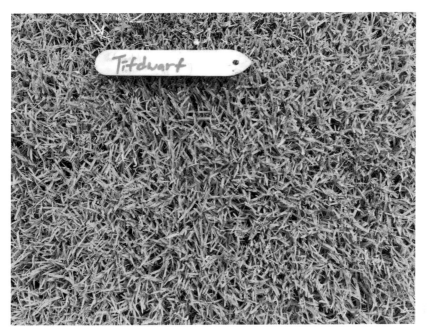

圖 20　雜交百慕達草草種 (2) "Tifdwarf"

圖 21　雜交百慕達草草種 (3) "Tifgreen"

2. 結縷草（Zoysiagrass）

　　熱帶地區常用居家或建物周圍的綠化草種，主要有三個物種可供草坪使用，草種都有生長慢及植株硬挺不易割刈的特性，包括：闊葉結縷草、馬尼拉芝及細葉結縷草。各物種內仍有很多變異可供選擇使用。

　　(1) 闊葉結縷草（*Zoysia japonica*）：耐陰性高、顏色深綠至藍綠、質地中等至粗、密度高、耐磨性極高、生長及恢復力慢，可用種子、草莖及草塊繁殖（圖 22-圖 23）。

　　(2) 馬尼拉芝（*Zoysia matrella*）：常被稱為「斗六草」，耐陰性高、顏色綠至灰綠、質地中等、密度高、生長及恢復慢，只能用草莖或草塊繁殖（圖 24- 圖 25）。

　　(3) 細葉結縷草（*Zoysia tenuifolia*）：以往臺灣都稱為「韓國草」，草質堅硬，近年篩選出較軟質的「臺北草」，耐陰性高、顏色綠至深綠、質地極細緻、超高密度、生長及恢復慢，只能用草莖或草塊繁殖（圖 8）。

圖 22　闊葉結縷草 (1)

圖 23　闊葉結縷草 (2)

圖 24　本土馬尼拉芝 (1)

圖 25　本土馬尼拉芝 (2)

3. 假儉草（Centipedegrass）

　　這個草種是以物種本身當作商業品種，草坪顏色黃綠至綠色、質地與密度皆中等，生長及恢復速度亦屬尚可，地上莖延伸而糾結可形成緊密而厚的草坪，但易缺水而草色枯黃，是良好的居住及景觀草坪（圖 26- 圖 27）。

圖 26　假儉草 (1)

▌圖 27 假儉草 (2)

4. 地毯草（Carpetgrass）

這個草屬中有兩個物種可作為一般草坪：類地毯草及熱帶地毯草，在商業上目前逐漸發展出少量特性不同的品種。此屬草種草質粗，常被用為公路周邊、安全島或居住草坪。

(1) 類地毯草（Common Carpetgrass）：草色黃綠至綠、質地粗、密度低、耐蔭性佳，可用種子或草莖繁殖。在臺灣的生長速度不快，因此草坪建立後常逐漸被本土的熱帶地毯草所取代（圖 28）。

(2) 熱帶地毯草（Tropical Carpetgrass）：草色綠至深綠、質地粗、密度低、耐蔭性極佳，也可作為果園下的草生栽培植物，在臺灣有本土熱帶地毯草及巴西地毯草（圖 29）。

圖 28　類地毯草

圖 29　熱帶地毯草

5. （聖）奧古斯丁草（St. Augustinegrass）

此草屬在美國已經發展出少量商業品種。此屬草種所形成的草坪質地粗、草色綠至藍綠、密度中等、生長與恢復速度中等，較密集管理下質地變較細，可作爲居住及景觀草坪。在臺灣有全綠與斑葉兩種，雖然可自行結種子，主要以莖節或草毯繁殖（圖 30- 圖 32）。

▌ 圖 30　斑葉（聖）奧古斯丁草 (1)

▌ 圖 31　斑葉（聖）奧古斯丁草 (2)

▌ 圖 32　（聖）奧古斯丁草

6. 雀稗屬草類（Paspalum）

此草屬內物種繁多，有些已被用為草坪植物如百喜草（Bahiagrass）及海雀稗（Seashore Paspalum），也有一些是具潛力草種如雙穗雀稗（Knotgrass）和兩耳草（Sourgrass）。都具匍匐地上莖，草質中等至粗糙（圖 33- 圖 35）。

(1) 百喜草（Bahiagrass）：具粗而短節間的地上莖，分枝不多，每節生粗而長的根，因此成為良好的水土保持用草。草坪質地粗、草色綠至深綠、密度低，無法形成密集草毯。少數品種可用於居住草坪（圖 35）。

(2) 海雀稗（Seashore Paspalum）：草為新興草種，種內變異大，已發展出細緻至中等質地草種供不同用途。草色黃綠至綠色、密度中至高，易形成厚的草盤層，須注意常用通氣操作（圖 33）。

▌ 圖 33　本土海雀稗草種

草種：雙穗雀稗
採集地：高雄改良場

▌圖 34　雙穗雀稗

百喜草
Bahiagrass

▌圖 35　百喜草

草坪的繁殖與建立

　　草坪大多使用禾本科的草種，因此在繁殖建立草坪上都依禾本科草類的繁殖特性進行。禾本科草類可以繁殖的方法有種子、枝條（帶 2-3 節）及草塊（或草捲）三種方法。

　　絕大多數的冷季型草種都可用種子繁殖的方式，但對於暖季型草種而言，反而是多以枝條或草塊的繁殖方法。

1. 種子

　　新植與建立草坪以種子繁殖時大多以撒播的方式進行，在不同草坪的種類上所需的種子量是不同的。因為草坪類植物種子大多很細小，因此其撒播量多以在單位面積（平方公尺）上撒播多少重量（公斤）的種子為基準。在運動場地上每 100 平方公尺大約需撒播 7-10 公斤，一般居家草坪與邊坡等草地則需要 2-4 公斤。當然一定要注意草種的發芽率，且使用新鮮種子（臺灣的草種全部都是進口的，所以買種子時須向種苗公司進行確認）（圖 36- 圖 37）。

圖 36　草坪種子繁殖發芽情況 (1)

圖 37　草坪種子繁殖發芽情況 (2)

2. 草莖（枝條）

利用含有 2-3 節的草類地上莖段混合土壤（或介質）撒播，再保持土壤的溼潤可以促進草種發芽。其播種量一般以單位面積內撒下多少量（容積）的草莖，建議用量在居住草坪約爲每 1,000 平方公尺 30 包 70 公升肥料袋的草苗爲主。運動場地可再增加，多以鋪滿覆蓋全部場地爲主，但須注意草苗不要重疊太厚，以免發生發酵生熱反而降低其成活率（圖 38）。

圖 38　草坪枝條繁殖情況

3. 草塊（草捲）

此為草坪建立最快且成活力最好的方式，但是成本最高。目前做法大多為整理好預定場地後購買優質草塊全面鋪植（草塊間僅留極小空隙約 1-2 公分，或緊密鋪滿）（圖 39）。

圖 39　草塊繁殖

草坪繁殖注意事項

1. 利用種子繁殖時，因為種子極小，因此常須先混合砂或土才能均勻撒播。

2. 無論何種繁殖方法，播種（鋪植）2 週內須注意保持場地隨時溼潤（最好每天澆水 2-4 次）以促進草苗發芽與成長。

3. 種子（苗）播種後一定要用薄層土壤（或砂）覆蓋並且用滾筒（或滾壓器）滾壓，以確保其不致因澆水而流失，又可以保溼並促進發芽與生根。

　　草種種植後 2 週內應會發芽與生根，但並不意謂草坪已完成建立，因為草坪的基本結構是密集且糾結的地上部，所以大量的新生個體須經一段期間的成長與競爭

過程才能達到一個穩定而且滿意（或預期）的平衡狀況，就連用草塊繁殖的方式也是須先發根還有適應的期間。所以播種發芽後還須經一段管理過程，一直到草坪植株穩定為止，才能提供人們使用。在這段期間的主要工作是割草（先讓草種伸長，再逐步降低到預期的高度）、施肥（在割草後就施，以少量多次為主，每 1-2 週 1 次），也別忘了給予充足的水分。一般草坪繁殖與建立所需時間約 3 個月（快速草種如百慕達草、黑麥草等）到 6 個月（結縷草類）。當然以草塊繁殖方式是可以在 1 個月內完成。

如何建立一區完整而高品質的草坪？

種植草坪的目的在於能較長時間擁有並使用此草坪，因此如何完成建立良好草坪的步驟與草坪建立期間的管理就非常重要。以下用簡單的流程作說明，並希望施工時能按步就班的執行，才能確保建立一個健康、美觀又有用的草坪。

1. 基地準備

草坪的基本要素之一即是平整與滑順，因此需要進行場地準備，去除地上的雜物，且疏鬆土壤，同時進行土壤改良與施用基肥。此過程包括了整地、除草、去石礫與雜物、施用有機肥（或加有機質）等步驟。這時間內也要將灌溉管路布入場地中。

2. 選擇草種與繁殖方法

各草種都有不同的特色與可適用的繁殖方法，使用者可考量自己的需求與喜好來決定。繁殖時一般常會以種子為最先選項，因為工作方便，價格也較貼草塊為低。草種選擇最好詢問專業人員後，考量個人喜好與預算再作決定。

3. 進行種植

無論使用哪種繁殖方法，最重要的是要確保種苗生長健康，施工區域可以同時發芽及一致的成長，所以繁殖的單位（種子、草莖枝條或草塊）需要和生長介質（砂或砂質壤土）緊密接觸，以便吸收足夠水分，促進發芽與生長。因此種植種苗後一定要鋪薄層的介質並以滾筒進行滾壓。這個步驟除了上面的繁殖確保外，還可

促進草坪表面的平整與未來平滑度增加，同時澆灌時也不會有表面種苗流失（往低處集中而造成發芽不整齊）或同塊草坪出現生長不均勻的現象，滾筒可用 500 磅以上的裝備。

4. 苗期管理

種苗需要充足的水分以便發芽與生長，因此在種植初期的 2 週內不能讓種苗受到傷害（大部分是乾旱和蒸散過高），建議草坪基地每天至少噴灌 2-4 次。等苗已經長出來以後，就要開始一些管理操作，以促進整體草坪的均勻發展到穩定品質狀態。一般需要進行割草、施肥與病害防治為主。割草則是讓草高生長稍超過預期高度後（>1/3），再割低促進側芽生長。施肥以少量多次方式進行，NPK 1：0.5：0.5 或均衡即可。苗期種子萌芽後，病害主要預防幼苗立枯病，通常在發芽後 1-2 週內，因此須仔細觀察，提早防治。以上步驟能按步就班完成，就可以有整齊且生長良好的草坪。

5. 草坪使用前的管理

一般草坪在繁殖操作後約 30-45 天內會完整覆蓋（以種子或枝條繁殖），但並不表示草坪可以馬上使用。因為草坪內部植株密度高、生長快，個體間競爭養分壓力仍大，草坪整體生理仍未完全穩定。這時如果馬上開放使用，容易造成草坪磨損高、缺塊多而恢復不整齊的現象，因此須有一段時間的草坪成熟養護期。這時的管理工作（包括割草、施肥及病蟲害和雜草管理）應該依草坪原設計使用的需求進行管理，此期間約 1-2 月。

怎樣才能常久擁有漂亮又高品質的草坪？草坪管理有哪些必要且經常性的操作？有哪些輔助操作？

很多民眾在想要建立一塊草坪時常抱著無限的美景，從此後可以常久擁有一個漂亮又實用的草坪，可以在上面與親友烤肉、打球、放風箏或靜坐冥想。然而，建立草坪後其實常常事與願違，主要原因在於大都沒有草坪需要經常維護管理的概念，甚至當需要管理花費時才驚覺要投入這些成本，而超出預期或難以負荷。因

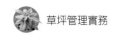

此,希望大家在踏入這件工作前要先有預期建立草坪與後續管理的預算,也要認知要長期擁有一個高品質的草坪,經常性的維護工作是不可少的。草坪是由很多細小的自然植物所組成,生老病死是常態,也有病蟲害及雜草的威脅,因此唯有努力付出才能有豐碩的結果。

CHAPTER 4

草坪管理中經常性的主要操作
管理有：割草、施肥及灌溉

割草

　　一般民眾及景觀業者都有對草坪需要定期割草的認知，但僅只於此，且常認為這是件麻煩事！其實如果從對草坪植物的認知及想要擁有一美麗草地的角度去想，就知道這是一件必要的工作。因為草坪是人類利用自然植物架構出的密集區域，自然就需要高密集式的管理。而且草坪植物具有越割越密（在一定條件下）的特性，所以定期割刈對草坪管理而言是不可缺的工作。另外，割草的目的是去除草類植物的頂端，把幼嫩又健康的葉片移除，若一次割去太多或太久沒割，往往割草後造成只剩老葉枯莖，而產生「去頂」現象，沒有足夠的光合作用，植株容易進入休眠或死亡（圖 40- 圖 41），這時草坪容易密集度降低、罹病或雜草侵入。因此，看似簡單的割草操作對草坪生態的影響很大，實在不容許輕忽。

圖 40　割草操作

圖 41　過度低割現象

（一）割草的基本原則

　　三分之一原則，就是每次割草要能做到只有去除原有草坪植物高度的「⅓」。這樣的話，草坪植株還能擁有足夠多的健康葉片以行光合作用，草坪顏色和密度也相對維持高的品質。而且割完草後要替它補營養（施肥）以便後續生長。

（二）割草高度

　　不同用途的草坪應該用不同的草坪植株高度，同樣地，不同草種可以適應的割草高度也不相同。一般是先看草坪的功能再選擇草種，接著設定最佳的割草高度。主要適用割草高度如下：

1. 運動草坪（足球、棒球、板球及一般田徑場）

　　½ - 1¼ 吋（約 1.25-3.5 公分）。

2. 居住草坪（家庭、辦公室及工廠周邊、公園及遊樂園草地等）

　　1-2 吋（約 2.5-5 公分）。

3. 功能性草坪（馬路邊、安全島、機場及邊坡等）

　　2-3 吋（約 5-7.5 公分）。

（三）割草頻率

不同的草坪類型需要的管理程度及在草坪上的使用壓力不同，因此割草頻率也不相同。

1. 運動草坪

在一般保養時每週 1-2 次，但比賽期間就可能須每 2 天甚至每天 1 次。

2. 居住草坪

原則上在草類生長旺期（春、夏及秋季）每週 1 次，冬季則可以看生長情況再調整延長間期。

3. 功能性草坪

原則上每季 1 次，但也要看草坪生長情況稍加增減。

（四）割草時機

大部分草坪選擇早晨、當場地還沒有或僅少數使用者時進行，如此可以減少活動及作業干擾，或者部分區域等傍晚活動降低時進行。

（五）割草機具

割草機剪草主要依剪斷葉片使用的方式而設計，可分為滾刀式和旋刀式兩種。也可依人員操作使用的方式，分為手推式、騎乘式和背負式。

1. 滾刀式

機具較複雜，利用斜面的滾刀在一橫軸上滾動再加一片底刀夾斷葉片，割草品質較佳，葉片切面平整，少拉扯的撕裂情況，較不易造成過多傷口而引起病原菌入侵。而且滾刀式有前後滾輪設計，割草高度可以降低至 0.3 公分左右，常用於高爾夫球場的果嶺或運動草坪，還有不容易剪斷的草種（如結縷草）（圖 42）。

▌圖 42　滾刀式割草機

2. 旋刀式

　　利用刀片或繩索快速旋轉切斷葉片，機具設計較簡單。割草高度較高，約 1-1.5 公分以上，依割草機的設計可割至 5 公分高度。割草品質因為是甩斷的方式，較易產生撕裂，容易引發病媒入侵，可用於居住草坪及功能性草坪（圖 43- 圖 44）。

▌圖 43　旋刀式割草機 (1)

▌ 圖 44　旋刀式割草機 (2)

施肥

　　草坪草類的生長，除了自行光合作用製造能量（醣類），還需要其他元素的補充。這些元素主要都須由土壤中去吸取，不足的再由施用肥料來補充。但草坪因為使用上需求須經常割草，所以就更要經常性的補充。主要需求的元素有：大量元素（N、P、K、Ca、Mg、S）和微量元素（Fe、B、Cu、Mn、Zn 等）。大量元素用量較多也較經常施用以確保植物有足夠的生長，微量元素也是不可或缺，但需求量少且在一般土壤都可以取得，因此除非必要也較少施用。以下就草坪植物的需求簡要敘述較重要且常用的元素。

1. 氮（N）

　　主要提供植物蛋白質的來源，對細胞生長與分裂都有很大助益，施用後可以直接反應在促進生長與延伸，增加新葉與分枝，葉色變深。

2. 磷（P）

是光合作用不可或缺的元素，可以促進幼苗生長，植物開花與結果。

3. 鉀（K）

主要功能在於細胞能源傳遞與各式生理與生長反應，尤其和細胞與組織的強健有關。

4. 鈣（Ca）

是細胞壁的主要組成成分，與植物堅固與強健有關。

5. 鎂（Mg）

是光合作用葉綠素分子結構的中心元素，可提升生長與生理活性，使葉片維持綠色。

6. 硫（S）

和組織蛋白質的合成與反應有關。

7. 鐵（Fe）

是光合作用過程中重要酵素成分，可促進葉綠素生成，保持葉片綠色。

（一）施肥量與元素比率

草坪植物在經常性割刈與自己的密集生長與競爭下，往往土壤中的營養成分無法充分供應，因此就經常需要用外加肥料來補充。但草坪為多年生，須面對春夏秋冬的季節變化而有不同生長需求，加上自己的密集生長競爭，因此它一整年的主要 NPK 需求量及比例就有不同。基本上主要考量的原則是先考慮一整年的總量，再分散於不同季節、月分和週次，同時再考量草坪植株是處在生長旺盛或較遲緩時期，作不同量與比率的調整。這也是為何大型草坪需要專業經理人管理的原因。

（二）N：P：K

草坪植物繁殖與新芽生長期（草坪建立與初春）的 N：P：K 以 1：0.5：0.5 為宜；草坪一般生長期（春、夏至秋）的 N：P：K 以 1：0.1：0.5 為宜。P 的使用量較低，

主要是它有助開花結果，如此會使草坪容易老化或有花穗而降低品質。

（三）年度 NPK 使用的總量

　　各種類草坪因為管理與使用磨損的頻率不同，因此須補充的量也有差異。一般已建立的草坪在正常管理下建議一個年度使用的總量，草坪管理者（經理人）再依生長期分配至各時期，這樣可以較有效的維持一固定品質，也較不會有過多施肥的疑慮。總量都以 N 為基準，P 和 K 則依上述建議比率推導使用。

1. 運動草坪：10-15 lbs/1,000 ft^2（約 5-7 kg/100 m^2）。

2. 居住草坪：5-10 lbs/1,000 ft^2（約 2-4 kg/100 m^2）。

3. 功能性草坪：4-6 lbs/1,000 ft^2（約 1-2 kg/100 m^2）。

　　施肥頻率（正常生長期）：

1. 運動草坪：每星期（或 2 星期）1 次，比賽期間（前、中及後）則依情況調整。

2. 居住草坪：每月 1-2 次。

3. 功能性草坪：每季 1 次。

　　其他較常用的是 Ca、Mg 或 Fe，大多用於草坪逆境時，如遮蔭過多及低溫下，配合 NPK 複合施用，或也可單劑補充。

（四）肥料劑型的施用

1. 緩效性顆粒肥料

　　是草坪正常施肥管理最常使用的方式，它的肥效施放依溫度或溼度逐漸釋出，肥效維持期間較長。依顆粒大小施用於不同種類草坪。肥效約可維持 2-4 週，有的可長效至 1-2 個月，視顆粒裹覆的材料而定。運動草坪用較細顆粒（約 0.5-1 公釐半徑），居住及功能性草坪則可用較粗顆粒（1-2 公釐半徑）。

2. 速效性可溼性粉劑或液劑

　　一般用於快速補充肥分（顏色為主），肥效可維持 3-4 天。常在草坪高頻率管理下或草坪面臨高使用壓力時期使用。

灌溉

　　草坪是由眾多的細小植株密集生長構成，因此需要經常提供充足的水分以維持其生命及品質。但也並不表示它需要非常大量的水分供應，因為草坪的密集也可以減少水分的蒸發，當然遇到高溫又烈日，適當水分供應不但維持生長並可持續它的生命。草坪的灌溉系統建立，需要經由專業人員協助了解灌溉面積、供水所需馬力、管徑大小與植材、地形坡向、日照時數、季節溫度、蒸散量及草坪使用情況等等，也不是草坪專業管理人就可以獨立完成。但在草坪管理上，對水分的供應方式、供應量、當地草坪與土壤架構，則是草坪管理人員須掌握的資訊。因此，如何提出需求及了解植物反應，進而提出管理修正，是草坪管理者的重責大任。

如何決定草坪水分的需求量？

　　草坪通常占地面積廣大，若要一次給足水分又能充分滲透到土壤深層，這就可能是非常難達成的任務，還好大部分草坪植株屬於淺根系，在土表以下 5 公分涵蓋約 60-70% 的根系，在 10 公分左右就涵蓋了 80-95% 的根系。因此，要了解草坪是否缺水，可以測量這兩點的土壤溼度，維持相對溼度至少在 40-60% 或以上即可！以水分充分灌溉後再滲透進入這兩個位置，一般要澆水 10-15 分鐘或 30-40 分鐘，但這和灌溉時的氣溫與日照有關（高溫強光下蒸散作用大，水分供應效率差），最好能定期測量與記錄。

　　有關水分管理草坪經理人需經常掌握與控制的方式如下：

1. 水分供應系統及其控制

　　大型運動場需有自動化操作控制系統、土壤水分監測及緊急備用水等要件，草坪管理人員須了解如何操作及初步障礙排除方法。此系統一般含有：抽水站、電機控制箱（含主控及分區控制）、噴頭控制、中央電腦控制及現況顯示等。這些都須經常維護以保證系統的正常運轉（圖45- 圖46）。

圖 45　草坪灌溉

圖 46　灌溉噴頭

2. 草坪日常需水量的決定

　　土壤水分的變動可經由設計的土壤溼度監測元件轉換資料，傳回電腦控制中心，再經已設定的程式決定灌溉的開關及供應的水量。看似簡單完美，但草坪因為本身的植株與土壤架構方式，水分往往不能很及時且有效率的滿足需求。主要原因在於溫度、日照、季節、風速、噴頭設計及水分顆粒大小等各種因素干擾。所以草坪管理者就算有這系統，也要經常作實地觀察並隨之修正既有程式，才能較滿足草坪的實際需求。在沒有高科技系統協助時，則可以藉著置蒸發皿於陽光下，每天計算單位面積的水分蒸散量再予以補充。

3. 每日灌溉的時間

　　草坪單位面積下的植株數量高，雖然有草盤層可以讓土壤表面蒸散減少，但草類植株本身的蒸散量也相當高，水分供應需求也高。因此，如果土壤中有充足的水分供應來源，就可以避免產生缺水的逆境。但是因為草坪本身的結構（有糾結的草盤層），從外部灌水後滲到土中需要較長的時間。此外，一般草坪都用噴灌的方式，水分從噴頭出來後到土表會有自然蒸散及土面逕流等水分供應減少現象，加上白天大都是草坪使用的高峰期，所以大部分都建議草坪的灌溉時間在傍晚或夜間，這樣水分供應可以有充分的時間進入土中。不過這也容易造成草坪的病害機會增加！

4. 灌溉的工具

　　依在草坪上的裝置方式可分為：

　　(1) 地面設置型：這類型一般都會含有一支柱固定噴頭和它連結的水管，也有可移動式。大多數它使用的噴頭屬於不精緻型（沒有將水分子打細、分散均勻）且出口較大，所以能涵蓋的範圍較小（半徑約 5-7 公尺）左右。同時在地面上產生障礙，影響人類的活動或草坪管理操作（如割草），這些設施較適用於造園景觀的草坪。

　　(2) 升降型：這類型則是在噴頭上方裝置了平頂蓋，噴頭及供水管藏在一圓柱管內且埋入土中，灌溉管路一般都在草坪土內 60 公分以下，水管內充滿水時利用

水壓將噴頭上抬露出土表後再噴灌。這類的系統整合較好的噴頭及工法,灌溉的水分子顆粒細小而均勻,能涵蓋的範圍較大(半徑約 10-20 公尺),同時不會影響草坪上的各種活動或操作。當然,架構成本較高,維修也要有專業人員。

在運動場草坪及高爾夫球場,噴灌作業都是以一個連貫的系統,包含水源、抽水馬達、管路、電池閥、土壤溼度自動偵測、電腦控制及噴頭。這複雜的架構須有專業的人員設計、施工與管理。

CHAPTER 5

草坪管理的輔助操作

　　草坪管理操作上除了與正常植物的栽培管理方式相同外，為了草坪繁殖、維持草坪的經常性品質、高使用頻率及多年性生長等需求，還要有特殊的操作方式，如鋪覆（Topdressing）、滾壓（Rolling）、拉平（Matting）及通氣（Aerification）等。這些工作往往需要操作特殊的機械且費用也高，因此若是居住草坪較少使用（草坪建立約 1-2 年後使用或生長過度密集時），一般也建議要請專業人員協助。本書後面會再詳細說明，敬請參考。簡單敘述各項輔助操作的原則與功能如下：

鋪覆操作

　　主要是在草坪上均勻鋪上一層薄砂或介質，藉以平整草坪地表、與繁殖枝條或種子緊密接觸，或增加保水、保肥或保溫等功能，在草坪管理操作上是極重要卻常被忽略的工作。鋪覆操作也常被稱為鋪砂，因為大部分主要的鋪覆材料就是用砂，其他如泥炭土、椰纖或碎細木屑等也會因不同需求而使用（圖 47 - 圖 53）。

▎圖 47　鋪覆（砂）

圖 48　鋪砂 (1)

圖 49　鋪砂 (2)

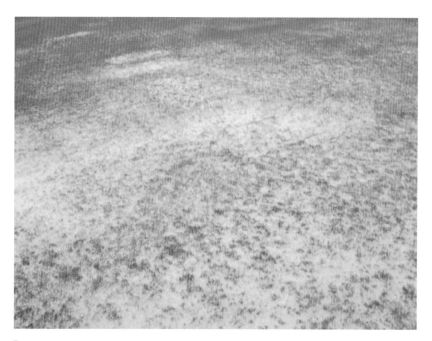

▌ 圖 50　鋪砂 (3)

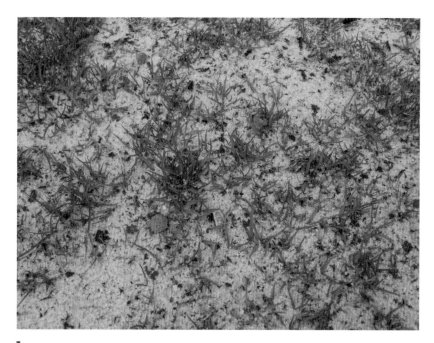

▌ 圖 51　鋪砂 (4)

圖 52　鋪砂 (5)

圖 53　鋪砂 (6)

滾壓操作

在鋪覆操作後常會跟隨著進行草坪表面滾壓，以確保草坪維持平滑的表面，以提供高品質的運動或活動需求。滾壓也可在繁殖過程中確保種子或繁殖枝條有足夠的水分促進發芽。另外，也可以利用滾壓操作進行草坪的表面修型（Shaping），在草坪的利用與景觀上極為重要（圖54）。

▎ 圖 54　滾壓

拉平操作

這個操作主要是用在完成鋪覆介質後，以鐵網或鐵刷將介質均勻的分布，也可使草坪植株突出介質，以避免被過多介質覆蓋而死亡（圖55）。

圖 55　拉平

通氣操作

　　這是爲了要維持草坪長久高品質與生長多年性不可缺的重要操作。一般在正常的管理下，草坪的生長快速且會糾結而堆積地上（或地下）走莖，如此造成草盤層的堆積、變厚而引起後續一連串生長及管理的困擾（圖56-圖59）。最重要的是，過度成長會使植株彼此競爭養分和水分，整體生長缺乏足夠養分而降低草坪品質，甚至造成局部小區塊的死亡，若再加上疏於管理，最後甚至導致整體草坪的不可恢復而死亡。通氣操作的主要方法及原則是在草坪上利用機械元件打開部分空間（地上部、草盤層或地下土壤），再輔以鋪覆操作填入透氣新介質（有時也可不填），提供草坪植株有新的生長空間且能刺激它的新芽生成。這種操作有以下幾種方式：

1. 薄切（Slicing）

利用密排的圓盤上作成類似踞子（角錐突起）在草坪上劃開草莖造成細條狀的開口（深約 1-3 公分）（圖 56）。

圖 56　薄切

2. 打釘（Spiking）

這是利用三角錐狀的裝置在土表鑿出淺凹打開草坪的糾結枝條（深約 2-4 公分）。

3. 打洞（Coring）

利用空心或實心的長細管插入草坪中，再抽出或壓出長圓筒空間，打開草坪的糾結和土壤的空間，是最常被利用的通氣操作方式。這個操作常會配合後續的鋪砂，以填補打洞後空出的空間。砂的利用又可以改良土壤的壓實問題（圖 57- 圖 59）。

圖 57　打洞 (1)

圖 58　打洞後回收土條 (2)

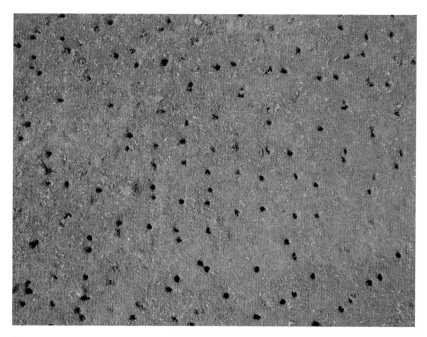

圖59　打洞(3)

4. 垂直切割（Vertical Mowing）

　　這是利用帶勾的刀具切入糾結的草莖，使草盤層變鬆軟，同時取出過多的草莖。這操作對草坪的損傷較大，常會使草色變較黃，需較長的恢復期。

CHAPTER 6

草坪的病、蟲害及雜草管理

熱帶草坪的常見病害

臺灣地處熱帶、亞熱帶區域的海島型氣候，常年高溫多溼，北部冬季偶有低溫寒流、溼度高，因此病害經常發生，也常引起藥劑施用過多的疑慮。另外，草坪大多於傍晚或晚上灌溉以避開人群使用時間，但這些灌溉時段溫度較低，草坪蒸散作用少，水分蒸發也少，容易成為病原菌的溫床。當草坪發生病害時，除了使用藥劑處理外，應該配合提升割草高度、減少噴灌及施肥等措施。施藥上也要由專業人員判斷病原，謹慎選擇藥劑及確定藥劑用量。

熱帶草坪常發生的病害種類繁多，防治上須先確定病原菌再對症下藥，才能有效的控制。下列僅是列出較常見的病害供使用者參考：

1. 燒枯病（Fusarium Wilt）

又稱「蛙眼病」，由土壤內眞菌引起，發生於長日高溼後突然放晴且氣溫劇升時，草坪上有圓圈或相連圓形的枯死草塊病徵，初期病圈內仍有未感染植株呈綠色小塊，周圍黃褐色枯死病圈圍繞，極似蛙眼。草的葉片枯黃萎縮，常被誤認為缺水所引起，趕緊補水反而使病徵擴大、到處可見（圖 60- 圖 63）！

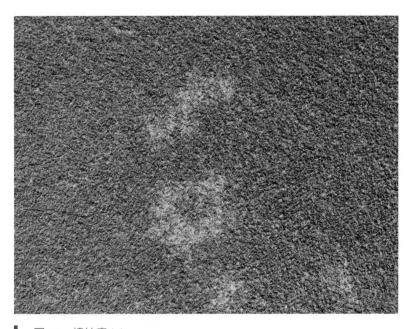

▌ 圖 60　燒枯病 (1)

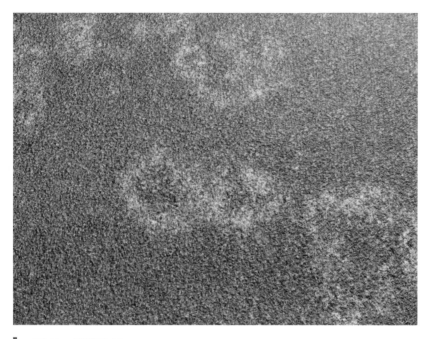

圖 61　燒枯病 (2)

圖 62　燒枯病 (3)

圖 63　燒枯病 (4)

2. 褐斑病（Brown Patch）

又稱「黑圈病」，常發生於初春氣溫開始回升、夜溫尚低（15-20℃左右）、草坪長時間高溼情況下。葉片及走莖上可見黑褐色病斑，病圈外圍部分有孢子呈黑煤子，因此得名（圖 64- 圖 66）。

圖 64　假儉草褐斑病 (1)

圖 65　假儉草褐斑病 (2)

圖 66　百慕達草褐斑病

3. 仙女環（Fairy Ring）

由菇類環狀生長而形成，嚴重時草坪形成凹陷枯死環圈，內部為健康植株。初期可見菇類幼株環繞一圈，此時應立即去除，以免菌絲在土壤下方成長纏繞，使草類根系窒息而死（圖67）。

▌圖67　仙女環

4. 黑斑病（Black Patch）

草坪上有不規則斑塊，約2-5吋寬，斑塊內呈紅褐至黑色。常發生在春轉夏及暖秋，長時間草坪高溼或過度低割的果嶺，下部或老葉片上可見紅或黑色病斑（圖68-圖69）。

圖 68　百慕達草黑斑病 (1)

圖 69　百慕達草黑斑病 (2)

5. 錢幣斑（Dollar Spot）

草坪上呈現十元錢幣大小之斑塊，主要為葉片病害，全葉枯黃，草坪地表長時間高溼、通風不良時好發此病（圖70）。

圖70　錢幣斑

草坪各種病害之防治及管理需先確認其病原及了解發生之環境狀況，才能對症下藥並進行管理操作的調整，恢復健康草坪。這些均屬專業處理，一般家庭用戶或場域遇到問題時須請專家處理。

熱帶草坪常見蟲害及動物危害

草坪是個開放空間，在臺灣一年四季都可以生長，也提供昆蟲很充足的食物，因此蟲害也經常可見。草坪的害蟲根據它的危害植株部位，可分為地上害蟲與地下害蟲。昆蟲的生命有一定的週期，也隨著季節與食物的多少等因素而有族群大小的變動。另外，當主要食物缺乏時，它也會尋求替代或中間寄主暫時棲身，以等待更

佳時機再快速擴張族群及危害植株。在草坪管理遇到昆蟲危害時，管理者應該了解問題的複雜性，以一綜合性的管理原則與方法應對，以降低昆蟲的危害程度。

（一）熱帶草坪的主要地上害蟲

1. 夜盜蟲（Army Worm）

主要是斜紋夜盜蛾幼蟲啃食草坪的葉片及莖，晝伏夜出，蛹藏於草盤層羽化為蛾，再交配產卵完成一世代。全年都可見其蹤跡，因此要在初春轉暖前先作預防，或及早偵測，可降低全年族群的壓力（圖 71- 圖 72）。

▌ 圖 71 幼齡夜盜蟲

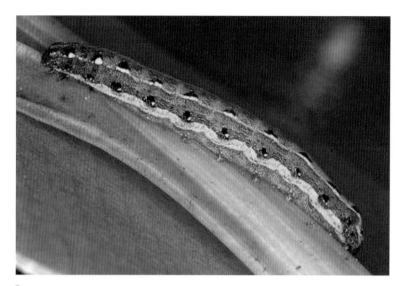

圖72　夜盜蟲

2. 金龜子（Beetles）

　　主要由成蟲啃食葉片，幼蟲（雞母蟲）藏於土中啃食草的根部造成植株枯死，在臺灣常發生在春末至初秋。一年內此蟲約有 1-2 個世代，常在土壤有機質較多的地方（圖 73）。

圖73　金龜子

3. 螻蛄（Mole Cricket）

　　主要棲息土壤中，會啃食草的根部，並在地下鑽穴道，食後將排遺推出於穴道口。族群高峰主要在夏末初秋，夜間出沒草坪，也會啃食葉片，造成枯黃（圖74）。

▎　圖 74　螻蛄

（二）熱帶草坪的主要有害動物

1. 蛞蝓（Snail）

　　軟體動物藏於草坪周邊樹林或高草區，夜間爬行至草坪上啃食葉片，行經路途流有一條晶瑩汁液線（圖75）。

▎　圖 75　蛞蝓

2. 鼴鼠（Mole）

　　眼睛退化的地下鼠，藏於林木中，主食以土中有機物質及昆蟲為主。常侵入草坪中覓食雞母蟲等地下害蟲，也破壞部分根系。但於草坪地面造成隧道型式隆起，下方則是中空無土，管理操作上造成嚴重困擾（圖 76- 圖 77）。

▎圖 76　地鼠

▎圖 77　地鼠洞出口

　　草坪上危害之昆蟲與動物因爲其活動性高，有時又不定時出沒，須經常觀察、即早防治，才可以降低其危害。主要建議用綜合防治策略（Integrated Pest Management, IPM），一般居家草坪用戶遇此問題還是請專業人員處理爲宜。

雜草管理

　　雜草的定義：生長在非目標作物（在本書即是「草坪草類」）栽培區域內的植物。

　　雜草在所有農業相關的管理操作都是非常困擾的問題，主要原因在雜草的自然生命競爭力強（種子數量多、具多種繁殖方式、種子或地下莖可以在土壤中存活很久、植株耐環境逆境力強等）。臺灣地處亞熱帶地區，雜草終年都可生長，加上草坪是個開放的大型空間，因此異物更是隨時可出沒，在草坪上常會影響草坪品質及增加管理困難度。不過，草坪本身具有的高密度及經常性割刈也會減少它們部分族群的擴張，因此草坪的經常性管理是雜草管理上不可輕忽的工作。當然，對於高密度入侵或較困難防治的雜草類，還是需要用除草劑來降低其族群，再配合其他操作（雜草綜合防治，Weed Integrated Management, WIPM）的方法解決問題。一般居家使用者最好請教專業人員解決。

1. 雜草依葉片形態的分類

(1) 窄葉型：主要指的是禾本科草類（單子葉），與大部分草坪草類同科（有時甚至是同屬或近緣種植物），生長與生理和草坪所用的目標草類相近，較難防治處理（圖 78）。

(2) 闊葉型：爲雙子葉植物，生長與生理和禾本科差異較大，可用選擇性除草劑降低其族群，防治較容易（圖 79）。

圖 78　窄葉型雜草

圖 79　闊葉型雜草

2. 雜草依其生命週期長短的分類

(1) 單年生：一年內完成生長及開花結種子。如飛揚草、鬼針草、酢漿草等。

(2) 多年生：同時具開花結果及營養繁殖功能，生命維持多年存在。如兩耳草、單葉豆、螢翼草等。

草坪上不同季節常見的雜草

1. 春夏季

如牛筋草、兔耳茱、水蜈蚣、葉下珠、菁芳草、馬齒莧、野莧、藿香薊、香附子、馬蹄金、地毯草、兩耳草等（圖 80- 圖 91）。

▌ 圖 80　牛筋草

圖81 兔耳菜

圖82 水蜈蚣

圖83　葉下珠

圖84　菁芳草

▌ 圖 85　馬齒莧

▌ 圖 86　野莧

圖 87　藿香薊

圖 88　香附子

圖 89　馬蹄金

圖 90　地毯草

圖 91　兩耳草

2. 秋冬季

如含羞草、紅乳草、飛揚草、酢漿草、早熟禾等（圖 92 - 圖 96）。

事實上，臺灣因為終年氣候溫暖，雜草生命週期也較長，往往無法明確的依不同季節明顯有特殊種類的族群大量出現，在草坪上大多以各別族群區塊方式呈現，且同時可能有多樣種類，雜草防治上極為困擾。

圖 92　含羞草

圖 93　紅乳草

圖 94　飛揚草

圖 95　酢漿草

▍圖 96 早熟禾

CHAPTER 7

高爾夫球場草坪管理

近幾年來都會逐漸發展迅速，綠地之需求與日俱增，也使草坪綠地之使用與管理逐漸受到重視。尤其是高爾夫球場草坪品質管理的好壞，受到氣候、土壤、草種栽培管理及病蟲害防治的影響。認識整體的環境條件及日常管理非常重要，才能相輔相成的達到草坪視覺上要翠綠、踏上去有彈性且要適中、耐壓性強及減少病蟲害。草坪要達到上述目標，在草的觀察上要注意：葉色、葉數、莖葉密度厚度、莖葉硬度、分蘗數、根系病蟲害等，而這些都與草坪日常管理有密切關係。不當的管理對草皮有不良的影響，可能也引起更多的病蟲害及環境的問題，運用正確的管理操作，可將問題減少到最低，有事半功倍的效果。草坪日常管理以割刈管理、灌溉管理、施肥管理、雜草管理、病蟲害管理及輔助操作管理為主要管理工作。因而，高爾夫球場草坪的好壞決定於使用期間的日常保養管理，將決定草坪的良莠外，亦將影響草坪問題發生的頻率及草地更新的年限。

在臺灣高爾夫球場（全臺計有 61 家：北部 34 家，中部 13 家，南部 14 家）面臨了高溫多溼且北、中、南各地日照均不相同，因此維護管理上也需要因地制宜，針對實務的操作亦需調整。

高爾夫球場草坪管理實務之操作

（一）割刈管理（Mowing Management）

一般草坪的割草高度設定在 2 吋，可以允許其長高到 3 吋，再將其修剪回 2 吋，這個時間在夏季氣溫 25℃、水分不缺的條件下，約為 1 週。如果將割草高度設定在 3 吋，可以允許長割刈之操作為定期除去草坪植株之部分，修剪的目標在促進草坪草的生育以提高草坪的密度，修剪的策略包括割草機具的選用與操作時機。對於叢生型（以 C3 冷季型為主）的草坪草，草坪密度的增加在於草坪草單株分蘗芽的增加，剪除部分葉片使近土表的莖部接受光照，可刺激新生分蘗芽的產生；而對於匍匐型（C4 暖季型為主）的草坪草，除了草坪草單株分蘗芽的增加可提高草坪密度之外，刺激其匍匐莖節上的芽點產生新植株，則是另外一個提高密度的來源。要維持草坪的品質，每一次剪草不可超過葉片長度的 ⅓，這個原則配合草坪

草種的最適高度，再配合植株各季節的生長速度，剪草的頻率是可以計算的。原則上，草坪高度越高，修剪的頻率越低。以百慕達草為例，割草高度到 4.5 吋，再將其修剪回 3 吋，割草間隔時間就為 2-3 週，同時植物可利用深層土壤的水分與養分，灌溉的頻率也可降低。修剪後，草屑量遺留在修剪後的草坪上，並不需要收集移除草屑。除非因修剪頻率不足，有過多草屑才需要移除。事實上，草屑有營養價值，回歸到草坪上的草屑，會將氮和其他養分回歸球場，因此可減少肥料的需求用量。且這種追加賦予的草屑型式的有機質，長期下來可能有助於改善土壤狀況，尤其若是在砂質地和／或有機質低的條件下。和一般認定相反的是，草屑回歸到土壤後，通常不會造成草盤層增加。草屑的組成，主要為易於降解的化合物，它分解快速，且不會累積。

若在溼的條件下修剪草坪，草可能會成堆，變得難以清除。在場地乾的條件下修剪，可預防草屑成堆；然而，不能因為場地溼，而讓草長得過長。修剪溼的草，不會傷害草（這是假設在無病菌活動的條件）。然而，土壤過溼時不可修剪，以將土壤變得緊實的可能性降到最低。每一次修剪方向都應不同，以促進草向上的生長。草倒下匍匐生長的習性，俗稱草紋（grain），改變每次修剪方向，可減緩草紋的問題。

高爾夫球場不同區塊割刈高度與割草頻率如下：

球場區塊	割刈高度	割草頻率
果嶺（Green）	2.5-5 公釐	每日割刈
發球臺（Tee）	10-18 公釐	每隔 1 日割刈
球道（Fairway）	10-20 公釐	每週割刈 3 次
長草區（Rough）	30-38 公釐	每週割刈 2 次

（二）灌溉管理（Irrigation Management）

水分是植物生長必需的元素，水分不足會使植物枯萎，但是過多會占據土壤中的孔隙，使土壤的含氣量減少，如何調控水分是草坪管理非常重要的課題之一。灌溉水的需求量取決於：草種特性、土壤質地及氣候狀況等因子。這在規劃設計草坪時就必須加以考慮，不同草種對水分需求各有不同。水分可以決定草坪的存活，足

量的水分是必需的，在相同的供水量條件，不同的灌溉策略，可影響草坪的品質與耐性（Persistence）。草坪的根系越深，可利用越深層的土壤水分；而淺薄的根系，一旦無法及時供應水分，土層表面轉乾就會對草坪產生立即的影響，它的耐性就不如根系深的草坪。因此草坪灌溉策略，就以促進根系深入土層為目標。等量的灌溉水，可以有兩種策略，一是少量多次，另一個多量少次。其中以多量少次是較能促進根系的深入土層的策略。因為多量的水分可以滲入土層的深度較深，土層的深處可保有較大的溼氣，當土壤表面由於日照的蒸發作用而轉乾時，深層的水分溼氣便可誘導根系向下生長而形成較深的根系。

土壤孔隙主要由空氣和水兩者所占據，若水分過多時，則氧氣易發生缺乏，水分過低，則作物無法正常生長，因此，水分和空氣兩者必須互相調和，最佳的狀況為水分和空氣各占土壤孔隙的 50%。田間土壤有一個最大的持水能力，這個指標統稱為田間持水量，其值為 25% 左右，這是一個土壤持水能力的極限值。一般一次性灌水不會超過或接近這個極限值。一般灌水的量有一定的範圍，這個範圍用占田間持水量百分數來表示，讓土壤中的水分占土壤田間持水量的 75-95% 最好，這時土壤中的水分最適合作物的生長，說明水分體積占土壤田間持水量的 20% 為最佳。可用此參數作為計算一次灌水的定額，或用於判斷灌水是否適當的指標。

今日先進噴灌系統也進入網路控制時代，使用智慧型設備或網路瀏覽器，可在全球任何地方使用網路軟體管理系統的戶外噴灌控制器（圖 97- 圖 98），且可以預

▌ 圖 97　自動噴灌系統分站控制器

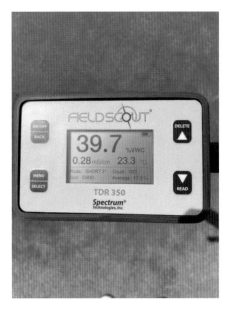

圖 98　TDR350 可以測量草坪水分

測澆水，根據溫度預測、降雨概率、風和溼度調整時間表，以提供最大的節水，同時保持草坪場地的健康。亦可添加一個易於安裝的流量計並設置自動通知，以提醒水管爆裂或灑水噴頭損壞。

（三）施肥管理（**Fertilization Management**）

全年施肥管理計畫之擬定：

1. 果嶺割刈高度低於 0.5 公分之百慕達草類 Tifgreen、Tifdwarf 等品系全年 N 肥之總需求約在 15-20 1bs/1,000 ft^2（8-10 kg/93 m^2）。但果嶺之使用頻率及磨損率高，故施肥原則為少肥多施且依生長旺季及遲緩期不同而酌予調整。一般而言，臺灣初春初期保養施肥頻率高，夏季多雨，施肥頻率可略減，至秋末冬季則頻率降低。N：P：K 之比率則以 1：0.1：0.5 左右為宜。

2. 發球臺與球道割刈高度介於 0.5-2.5 公分之百慕達草類全年 N 肥之總需求量約在 5-10 1bs/1,000 ft^2（2-4 kg/93 m^2）。施肥一般以緩效性肥料為主，施肥頻率可較果嶺為低，但仍需維持相當之草色及品質。

3. 粗草區割刈高度高於 2.5 公分之百慕達草類全年 N 肥之總需求量約在 2-4 1bs/1,000 ft^2（1-2 kg/93 m^2），施肥以長期緩效性之肥料為主，亦可輔以全場割

刈草所製作之堆肥補充之。若為粗草區者，則其施肥方式可集中於春季至夏末，秋冬則減少施肥量。

肥料種類與效能：

1. 緩效性肥料之應用

為顧及草坪長期維持高品質水準及正常之管理操作，球場各區施肥應主要以緩效性肥料為主。一般緩效性肥料肥效之釋放，依溫度、溼度之增加而加速，果嶺之緩效性肥料以釋放速率較高（15-30 日）、顆粒較細者為主，球道及粗草區則為釋放速率較低（30-60 日）、顆粒較粗者。目前果嶺也可以施用緩效性液態肥料。

2. 速效性肥料之應用

施用水溶性或液劑之肥料為主。其主要目的在於促進草類快速生長、受傷恢復或草色加深為主。因其吸收液肥速度快，施肥以低濃度或緩效性為主（尤其是 N 肥），以免葉片之傷害。為求肥效之增加可酌予添加展著劑。

3. 施肥量之計算

正常生長期間草坪施肥量之計算，一般依土壤、植株和水質檢測各元素含量結果，對照植株內 N、P、K 及其他元素之正常含量範圍，測其缺乏之差距而決定其施肥量。所推薦之量單位皆為純元素含量，施用不同種類肥料應視其元素比例反推算其所需用量。

施肥診斷：

元素	缺乏症狀
N	一般性黃綠色或葉色衰退，老葉先行黃化，並由葉尖先後死亡，地上部密度轉低。
P	葉色由綠轉紫或紅紫色，莖部可能枯黃或回春速度減緩。
K	先由老葉黃化，幼葉則由葉尖起沿葉緣枯黃。初春可見葉片枯黃時亦為警訊。
Ca	幼葉產生褪色黃化，葉緣轉紫或紅紫色。

（續下頁）

元素	缺乏症狀
Mg	老葉沿葉緣呈紫色或紅紫色。
S	病徵如缺 N 但葉脈周邊仍維持綠色。
Fe	幼葉產生黃化且葉脈間褪色，大量缺乏時甚至呈白色。
Mn	葉上呈褐色斑塊，幼葉脈間褪色。
Zn	葉停止生長、部分黃化、葉緣捲曲。
Cu	葉灰白化、幼葉死亡、生長停滯。
B	生長降低、停滯。
Mo	與 N 缺乏類似，部分葉脈間黃化。

（四）雜草管理（Weeds Control）

1. 選擇適當的草坪草種

　　選擇適當的草種是草坪建植成功與否的先決條件，而草坪草種對環境的適應性及建植的效率是重要的因素。草坪草種的選擇，應依草坪的用途（如綠美化、運動場、綠地、水土保持等）、草坪所在地的條件（如土壤特性、遮蔭程度、降雨量等），及草坪種植後所投入的管理時間等因素決定之。冷季草（溫帶型草種）適合於溫帶氣候生長，其生長適溫在 16-24℃間，臺灣秋冬時期為生長旺盛期，夏季時則因無法適應高溫而死亡。暖季草（熱帶型草種）生長適溫約為 27-35℃，適合於臺灣的熱帶氣候生長，於夏季時生長良好，唯冬季時呈現生長遲緩或葉片枯黃，10℃以下休眠，翌年春天時可恢復正常生長。稀疏或生長勢弱之本草種類如改良種百慕達草，雜草之管理須投入較多人力及時間才能有所效果。

2. 其他栽培管理配合

　　利用施肥、澆水、割草高度、頻率、減少病蟲害等管理方法，加強草坪的生長勢、覆蓋的緊密度，可增加草坪對雜草的競爭力。某些雜草，例如牛筋草、早熟禾、升馬唐、野茼蒿等，在光線充足的環境下，有較佳的發芽率，在管理上保持良好的草坪覆蓋率，減少裸露地，使得直接照射到土表的光線減少，就可降低雜草的發芽率。避免草坪生長變弱，裸露土表，栽培管理尚需考慮不該有太乾的或太溼的區域發生，多水潮溼的地方，因土壤的通氣性不佳，容易發生根部病害；施肥的過

多或不足，也會使得草坪生長勢滑落；在草坪中普遍發生的病蟲害，也影響草坪的生長活力，雜草容易趁虛而入。

草盤層（Thatch）的發生是因為土壤表層的有機物形成比分解快時產生的，百慕達草、結縷草、奧斯丁草皆會產生厚的草盤層，草盤層累積後也會降低萌前除草劑的效果。移除草盤層，保持通氣性，可維持草坪的旺盛生長力。

3. 雜草防治方法

(1) 預防雜草：預防性防治法主要是防止雜草自然及人為之散播，避免或減少有害雜草種子及營養繁殖體在草坪中流動。種子繁殖量大的雜草如早熟禾、酢漿草、兔仔菜、黃鵪菜應在開花結果期前防除，以避免種子產生、散播，種子會使得草坪雜草發生情況惡化。多數多年生雜草，例如雙穗雀稗、白茅、鋪地黍、香附子、短葉水蜈蚣、蠅翼草等都是危害大而不易防治之重要草坪雜草。草坪種植前，若土壤中含有此類雜草，最好能在植草前徹底將之清除，新植草坪少數新發生之多年生草不容忽視，尤其是多年生禾本科雜草，等到危害擴大時，更難處理，嚴重時甚至需要更新草坪，才能解決棘手的雜草問題。

(2) 人工除草：以手拔除或小型手工具如小鏟、手耙、鐮刀挖掘割除雜草，對以種子繁殖之幼株雜草效果佳；對已成長之雜草，特別是具有地下繁殖器官及匍匐性之多年生草則效果有限。一般粗放管理的草坪少有人工除草，在小面積之草坪管理，如景觀裝飾草坪、家庭式庭園、高爾夫球場之果嶺、雜草密度低之區域，若以機械、化學藥劑無法防除之雜草，須以人工拔草之方式清除。人工除草雖然耗時、費工、效率低，但不影響環境安全，也不會有草坪藥害的情形發生。

(3) 機械除草：機械剪草是利用簡單人力機械、背負式剪草機、推式動力機或電動乘坐式動力機械，以快速轉動之刀片或其他切割物，在接近地面處將草剪斷。效率遠高於人力除草，主要用以剪除過高之地下部分，對於植株較高的部分雜草，在多次修剪之後即無法存活。對於生長旺盛又以營養器官繁殖之多年生草，莖節處或莖基部可產生芽體及分蘖，被剪後短時間內可再生，所

以剪草通常不能將多年生雜草殺死。剪草之最佳時機，最好是雜草未開花之前，可避免產生大量的種子。高爾夫球場草坪機械除草的次數多於一般綠化用草坪，這兩類草坪經過例行剪草後，多數一年生雜草的量可與草坪互相制衡、競爭，並共同存在。

(4) 化學藥劑：化學藥劑防治法雖然有省工、省時、效率高的優點，但需同時考慮對環境安全的評估及對草坪本草的傷害。臺灣在草坪上登記除草劑有滅落脫（Naprop-amide）50% 水分散粒劑、汰硫草（Dithiopyr）32% 乳劑、百速隆（Pyrazosulfuron）10% 可溼性粉劑、伏速隆（Flazasulfuron）10% 可溼性粉劑、快克草（Quinclorac）50% 可溼性粉劑和甲基砷酸鈉（MSMA）45% 溶液，因經登記可合法使用之除草劑相當少，目前無法滿足實際之需。

除草劑的選擇性、傳導性與殘效：

① 選擇性：大多數除草劑均具有選擇性，藥液噴灑後不傷害草坪，且可有效的防除雜草。但是藥劑對不同作物的安全性有相當大之差別，適用於百慕達草草坪之除草劑，對另外一種草坪（如假儉草）不一定安全。

② 非選擇性：在正常用量下可對目標區內的草坪及雜草皆會造成類似程度傷害，在草坪中通常採用局部噴灑，防治特定種類的雜草。

③ 傳導性：藥劑施用後可經植物的導管及篩管，輸送至藥劑未接觸到之部位發生作用。傳導性除草劑，不必對莖葉全面噴施，仍然可充分發揮藥效。香附子、鋪地黍等多年生草之地下球莖、走莖之有效防治，必須使用施於莖葉後可被輸送至根部之傳導性藥劑。

④ 接觸性：雜草之防治侷限於藥液接觸到之部分，藥液需要噴到莖葉各部位及芽體，才能殺死雜草。此類藥劑適於一年生雜草之防治，對多年生草，僅能殺死其地上部分。

⑤ 長效性與短效性：除草劑施用於田間後，會因蒸散、流失、被土壤固定、為植物所吸收、受光照、微生物分解等途徑，失去生物活性。巴拉刈及嘉磷塞可被土壤微粒強力固定，而不為植物之根所吸收，此兩種藥劑幾無土壤殘效。一般用量下，多數除草劑之土壤殘效，約 1-2 個月，但三氮苯類、滅落脫的土壤殘效超過 2 個月，此類藥劑的優點為有防治有效期長。

除草劑施用時期：

① 萌前處理：在雜草萌芽前（Pre-emergence）施用，醯銨、氨基甲酸、二硝基苯胺、聯苯醚、三氮苯、尿素等類型之藥劑及雜類中之依滅草、樂滅草均屬萌前除草劑。這些藥劑主要經根及幼莖進入植體內，所以對 3-4 葉以上雜草效果很差。萌前藥劑處理，要求正確之劑量及均勻用藥，正確萌前除草劑之使用，要求將標示藥量均勻施於目標區之土表，以稀釋倍數配藥時，要估計是否能達到標示之單位面積用量，否則需調整水量或稀釋倍數。

② 萌後處理：在雜草萌芽後（Post-emergence）施用，芳烴氧羧酸類、芳烴氧苯氧羧酸類、嘉磷塞、固殺草、環殺草、本達隆等藥劑均屬萌後除草劑。藥液主要由莖葉吸收進入植物體。

5. 特殊的雜草問題及其防治

草坪中禾本科雜草的管理一直是個令人困擾的問題，人工除草雖然耗時、費工、效率低，對於禾草的防治最為直接，但對於多年生禾草頑強的地下根莖，很難徹底拔除，在事倍功半的情況下，必須尋求其他的防治法。就雜草防治的觀點而言，必須防止雜草侵入，對於危害嚴重的雜草及早徹底清除，雜草才能有效被抑制。禾本科雜草除了利用萌前除草劑抑制多數一年生禾草的萌芽之外，對於成株的雜草，或以下無性繁殖為主的多年生草，都必須選用萌後的選擇性除草劑。

1970 年以後所研發出來的抑制禾草之藥劑（Graminicides），藉由對 AcetylCoA Carboxylase 之抑制，干擾禾本科植物脂肪之合成，其中屬於芳烴氧苯氧羧酸類者有伏寄普（Fluaxifop）、快伏草（Quizalofop-ethyl）、甲基合氯氟（Haloxyf-opm-ethyl）、芬殺草（Fenoxaprop-ethyl）、普拔草（Propaquizafop）；屬於環己稀氧類者有環殺草（Cycloxydim）及西殺草（Sethoxydim）。此類藥劑由莖葉吸收可傳送至其他部位，在生長點累積；首先產生之癥狀為芽生長停頓及幼葉之黃化，可呈現不同程度之紅、紫或橙色葉後褐化枯死，通常需 10-20 天達最大效果。抑制禾草之藥劑在草坪雜草管理上仍有其發展潛力，唯其使用的單位面積劑量（Rate）及草種的選擇必須正確的掌握。

（五）病蟲害管理（**Pest Control**）

■病害

熱帶、亞熱帶地區重要病害發生種類、病徵、發生環境因子及化學防治方法。

1. 褐斑病（Brown Patch）

病原菌：*Rhizoctonia solani*

病　　徵：原始感染區呈圓形小塊斑（約幾吋）而後逐漸擴大成大型斑塊，葉片由浸漬狀紫綠色轉深褐色最後枯萎而成淡黃色。最典型之斑塊爲其外圍「Smoke Ring」狀黑灰色菌絲存在，病菌藏於病株之下部或土壤、碎屑植體等處。

發生環境：(1) 一般最易於溫暖之夜間，空氣溫度呈飽滿狀態，氣流不流通時。

(2) 溫度經常維持於 75-85°F 高夜溫時。

(3) 當土壤中 N 過高＞ ½ 1b N/1,000 ft^2/ 月及 P 和 K 缺乏時。

操作管理防治：N：P：K 施肥量需平衡，約爲 1：0.1：0.5 之比例，避免 N 過高及遮蔭；改良土中通透性及排水性。

化學防治：免古寧（樂力丹，Vinclozolin）

普克利（特利得，Propiconazole）

甲基多保淨（Methyl-thiophanate）80% 可溼性粉劑

芬瑞莫（穩達達，Fenarimol）

得恩地（美果旺，Thiram）

鋅錳乃浦（Mancozeb）

依普同（福元精，Iprodion）

四氯異苯睛（chlorothalonil）

2. 鐮胞菌燒枯病（Fusarium Blight）

病原菌：*Fusarium* spp.

病　　徵：草坪得病初期可見小淡綠色斑塊（幾吋至呎），病斑可呈圓形，部分圓形或不規則形，得病區很快呈枯萎紫綠色，最後死亡成枯草黃色。呈圓

形斑塊時，中央部分草坪仍呈生長狀，外圍為死亡體，因此稱為「Frog-eye」。單株葉片之病徵則為不規則深綠色條塊，最後轉淡綠色，再轉褐色，葉尖枯萎縮小而細，植株底部可見粉紅色菌絲，根系發育受阻。

發生環境：主要出現於高溫高溼環境，但長期乾旱後接續之雨期，常造成其病徵擴展。當此病發生後，隔年同地亦再度發生，年復一年。發病適溫為日間溫度接近 90℉、夜間 70℉ 及高溼。過低或過高之土壤溼度、草盤層太厚皆易發生。

操作管理防治：(1) 適當之淺層灌溉。

　　　　　　　　(2) 降低草盤層厚度。

　　　　　　　　(3) 遮蔭處理及土壤適當氮肥處理。

化學防治：腐絕水懸劑（Thiabendazole）41.8%

　　　　　　鋅錳乃浦（Mancozeb）

　　　　　　免賴得（Benomyl）

　　　　　　注意藥劑應灌施入根系

3. 黑斑病（Curvularia Blight）

病原菌：*Cuvularia* spp.；*Bipolaris* spp.

病　　徵：草坪密度不足區，於草坪上形成黃色至紅褐色不規則塊斑，葉片呈現黃至灰色，由尖端開始，走莖和葉片腐敗，草株呈黑色。

發生環境：(1) 草坪高肥狀況時，＞ ½ lb N/1,000 ft²/ 月。

　　　　　　　(2) 主要在春夏季節時，溫度＞ 85℉，當每天葉片潮溼超過 10 小時且持續數天後，草盤層超出 ½ 吋厚時。

操作管理防治：(1) 春、夏季施肥勿超過（½ lb N/1,000 ft²/ 月）。

　　　　　　　　(2) 利用輕型割草機具（減少土壤擠壓）。

　　　　　　　　(3) 降低草盤層厚度，使草坪乾燥、通風、強光下。

　　　　　　　　(4) 當高溫時（＞ 90℉），利用實心打洞。

　　　　　　　　(5) 避免午後及傍晚之灌溉。

化學防治：達克寧（chlorothalonil；露露 75%，四氯異苯晴 40.4%）

4. 綿腐病（Cottony Blight）

病原菌：*Pythium aphanidermatum*

病　徵：受感染之草坪呈現水漬狀、柔軟、纖細及油膩狀外觀，於清晨感染病株有白色棉花狀菌絲，草坪上呈小塊斑或條斑，最後呈草枯黃色。於高施肥之草坪及缺鈣下可增加感染，夜間溫度＞ 65℉，每日葉片溼超過 10 小時，表面及下部排水不良，由割刈擴展感染面積。

操作管理防治：(1) 避免過度灌溉，中度施肥管理，維持土中鈣量，減少遮蔭，增加土壤通透性、排水。

　　　　　　　(2) 避免傍晚灌溉，於感染區夜溫＞ 70℉時減少割刈。

化學防治：福賽得（Fosety-AL）80%

　　　　　普拔克（Propamocab Hydrochloride）66.5%

　　　　　本達樂（Benalaxyl）35%

　　　　　地特菌（Etridiazole）35%

　　　　　鋅錳乃浦（Mancozed）

5. 錢幣斑（Dollar Spot）

病原菌：*Sclerotinia homeocarpa*

病　徵：枯草色塊斑約 1-3 吋的直徑，當草坪潮溼時可見白色菌絲，枯黃色病斑延伸至整個葉片。初期呈水漬狀小斑，感染區之葉片最後呈脫色枯黃狀，其病徵邊緣帶紅褐色線條，主要致病於冠部及根部。

操作管理防治：(1) 施肥 ½ -1 1b N/1,000 ft^2/2-4 週。

　　　　　　　(2) 降低草盤層厚度（½ 吋）。

　　　　　　　(3) 增加光度，避免乾旱（但勿於傍晚灌溉）。

化學防治：得恩地（Thiram）65%（美果旺 80%）

　　　　　甲基多得淨（Thiophanate-methyl）

　　　　　普克利（特利得，Propiconzole）

　　　　　達克寧（chlorothalonil；露露 75%，四氯異苯晴 40.4%）

6. 仙女環（Fairy Ring）

病原菌：擔子菌類

病　　徵：圓形或弧形之蕈類生長或死亡或深綠色圓形草坪，白色之菌絲可由草盤層中或土壤中發現。

發生環境：(1) 土壤中有機質過高或原爲樹林之草坪。

　　　　　　(2) 土壤質地中等 pH 5-7.5。

　　　　　　(3) 土壤溼度底至中等。

操作管理防治：(1) 維持中度施肥 1-2 1b N/1,000 ft² / 月。

　　　　　　　　(2) 土壤中 P、K 維持必要之高濃度。

　　　　　　　　(3) 於感染區圓形或弧形換土 12-24 吋或移開草塊將之多方向耕犁深 6-8 吋。

化學防治：溴化甲浣（Methyl-bromide）

　　　　　　望佳多（Pro-star）

　　　　　　亞托敏（Azoxystrobin）

7. 白葉病（White Leaf）

病原菌：Mycoplasma-like Organism

病　　徵：白化植株散生綠色草坪中，心葉基部呈現不明顯細長淡綠色條斑，逐漸由葉脈向葉尖蔓延，由淡色轉白色條斑，病株分蘗多而短小，於初秋或初春季最多。

操作管理防治：(1) 少施氮肥，尤其是液態氮。

　　　　　　　　(2) 減少氮肥比例，增加鉀肥。

8. 銹病（Rust）

病原菌：*Puccinia* spp.

病　　徵：紅褐色粉狀孢子於葉片或葉鞘，整片草坪感染呈紅褐色。

發生環境：(1) 溫度 68-86°F。

　　　　　　(2) 草坪土壤施肥不足易發生。

(3) 溫度低割、乾旱或遮蔭、通風不良等亦易感染。

操作管理防治：維持中度且平衡之施肥量，降低遮光，增加通風性，提高割刈高度，避免乾旱逆境及傍晚灌溉。

化學防治：普克利（特利得，Propiconajole）

芬瑞莫（穩達達，Finarimol）

賽福座（Triflumizole）30%

滅普寧（Mepronil）75%

鋅乃浦（Zineb）

9. 青苔（Algae Patch）

發生環境：草坪排水不良，積水後藻類滋生所致（圖 99- 圖 100），易造成草坪密度降低、缺塊等問題。

操作管理防治：利用表面切割、打洞等操作以利排水。

化學防治：水體除藻劑、次氯酸等。

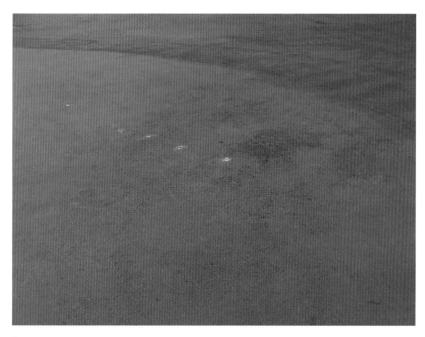

▍圖 99　青苔（果嶺因為排水不良造成植株死亡而形成）

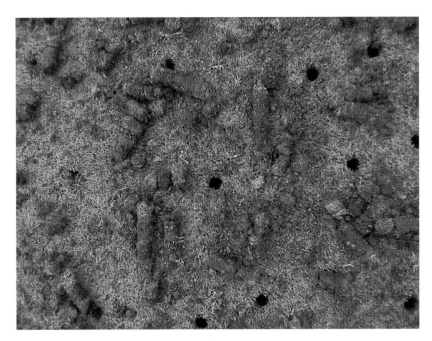

▌圖 100　黑土層（black laying，排水不良造成土壤缺氧而形成）

▓蟲害

國內常見草坪害蟲依危害習性可分：

1. 地上害蟲

以咀嚼葉片或吸食汁液危害莖為主，如夜盜蟲、葉蛾、蝗蟲、葉蟬、飛蝨、椿象等。

2. 地下害蟲

啃斷植物根部為主，如金龜子幼蟲（雞母蟲、蠐螬）、螻蛄、臺灣大蟋蟀、螞蟻和蚯蚓等。

重要害蟲種類、危害習性及防治方法：

1. 斜紋夜盜蛾〔*Spodoptera litura* (Fab.)〕

別名：斜紋夜盜蟲、蓮紋夜蛾

偵測與防治：所有草種皆易受害，尤以百慕達草最為嚴重，未注意管理時，可
能於一夜間整片果嶺受其危害（圖 101）。管理者應定期仔細檢查
葉背或翻開葉片觀察土表，即可發現其蹤跡，或利用 1-2% 除蟲菊
1 茶匙溶於 3.8 公升之水中施布到 0.84 平方公尺草坪上可使之爬到
表面。經濟危害水平為：一般草坪 1 隻 /0.09 平方公尺、果嶺 1 隻 /
0.84 平方公尺，防治藥劑以蘇力菌、加保利、三氯松。

　　防治策略應於每年族群尚未大量建立前，或氣溫回升、寒流減弱時即行預防措
施，持續約 1 個月則可降低全年害蟲之族群量及發生頻率。

┃ 圖 101　斜紋夜盜蛾及危害情形

2. 赤腳銅金龜（*Anomala cupripes* Hope）

別名：雞母蟲

偵測與防治：危害所有草坪草類，而以韓國草、百慕達草最嚴重。定期採土塊樣

本地表下 8-10 公分於草盤層下方根系尋找幼蟲之蹤跡。經濟危害水平為 3-8 隻 /0.09 平方公尺，每年應於初夏即行預防措施，另外，土壤中有機質含量高，則害蟲族群及其發生頻率則相對提高。主要防治藥劑如陶斯松、大利松、三氯松等。

3. 螻蛄（*Gryllotalpa africana* Palisot de Beauvois）

別名：啦啦蛄、土狗、螻蟈

偵測與防治：成蟲具強趨光性，可進行誘殺或測報之用，亦可用除蟲菊精或家用清潔劑測其存在。藥劑防治可以免敵克、大利松或陶斯松於夜溫高於 60°F 且土壤潮溼時施用。

4. 球菜夜蛾（*Agrotis ypsilon* Rottenberg）

別名：切根蟲

偵測與防治：於下午時檢查危害和蟲數，經濟危害水平為一般草坪 1 隻以上 /0.09 平方公尺，果嶺在 1 隻 /0.84 平方公尺時。防治藥劑以加保利、陶斯松等，於下午處理效果較佳。

5. 螞蟻

許多螞蟻類皆會於草坪內築巢，蟻丘通常容易讓草坪地上部窒息，或造成草坪表面之凹陷走道而使新質草坪密度降低，且對割刈造成阻礙，引起機械之額外磨損，另外，於果嶺上造成球滾動障礙。當蟻巢受干擾時，螞蟻往往攻擊對方造成刺痛。有效的藥劑控制包括加保利、益達胺和陶斯松。

6. 蚯蚓

蚯蚓之活動以改善水分滲透、改良土壤結構和分解草盤層而言，是對草坪有利的。但其大量族群的出沒（尤以土壤中有機質含量高者）會破壞草坪之平整性和阻礙球於草坪上之滾動，因此於果嶺上是不利因素，基本之建議以掃帚將排泄物掃平即可，盡量不施藥劑。必要施用時以施用大利松、免敵克或苦茶粕為主。

7. 蝸牛及蝸蝓

　　於清晨草坪上可見其帶銀色之唾液痕，主要危害於啃食草類之葉片，可以刮除、以苦茶粕或聚乙醛防治。

　　綜合防治技術：

1. 種植陷阱作物

　　赤腳青銅金龜特別嗜食紅麻，在嚴重發生區有計畫栽培紅麻，誘來大量成蟲後，以農藥噴殺，可減輕其幼蟲對草坪之危害。

2. 性費活蒙誘殺

　　可利用斜紋葉盜蛾之性費洛蒙大量誘殺其雌蟲。

3. 微生物防治

　　(1) 蘇力菌（*Bacillus ghuringiensis*），對斜紋夜盜蛾有致病力。

　　(2) 黑殭菌（*Megarrhizium anisopliae*），對臺灣青銅金龜幼蟲有寄生性。

　　(3) 白殭菌（*Beauveria bassiana*）、*Spicaria pracina*、*Srubidopurpurea*，寄生於斜紋葉盜蛾之幼蟲及蛹。DD-136 線蟲可寄生於斜紋夜盜蛾。

4. 天敵之利用

　　赤腳青銅金龜及臺灣青銅金龜有小長腹寄生性土蜂寄生於幼體內，成蟲捕食性天敵有烏秋和白頭翁。斜紋夜盜蛾之捕食性天敵有椿象、步行蟲等。寄生性天敵寄生於幼蟲之小繭蜂科之 *Chelonus formosanus* Mastsumura 等。

5. 黑光燈誘殺

　　利用黑光燈可作發生預測和誘殺害蟲，但誘蟲燈下要配合施用性費洛蒙或殺蟲劑以免附近加重受害（圖 102）。

6. 藥劑防治

　　施用藥劑於地上害蟲時可以液劑或可溼性粉劑噴施，夜盜蟲及切根蟲以下午近

傍晚時噴施效果佳。地下害蟲可以粗噴施（Coarse Spray）或粒劑來施用，處理後即需灌溉至少 1-2 公分水，使昆蟲和藥劑接觸以有效的防治害蟲，蟲害發生之盛期前即進行噴施，可有效之抑制族群大發生，如夜盜蟲等於初春時期、雞母蟲則於初夏時期。藥劑之選用可用低毒性之殺蟲藥劑。管理者應記錄各蟲害發生嚴重區域、其時機及氣候因素，並保留歷年紀錄供爾後防治之參考，則可更有效之防止害蟲族群建立及大發生。

圖 102　黑光燈配合施用性費洛蒙或殺蟲劑誘殺

（六）輔助操作管理（Renovation Management）

　　栽培管理除了進行割草以維持草坪表面的比賽性，在大量的踐踏之下，土壤密實的問題依然存在，對於根圈的管理，雖然採用如 USGA 規格建造場地，土壤依然會發生密實的現象，只是程度較輕、速度較緩。為應付這個問題，因此發展出一系列特殊的栽培技術，包括通氣操作〔打洞（Coring）、高壓水柱打洞真空栽培（Dry-jet Clutivation）、薄切（Slicing）及打釘（Spiking）〕、垂直割草（Vertical Mowing）、鋪砂（Topdressing）等用來減少土壤密實的操作。

1. 通氣操作（Aerification）

(1) 打洞（Coring）：這種操作是將中空的管子插入土中，再把管子中空部位取得的土塊從土壤中拔出來，遺留的洞，配合緊接的鋪砂操作填入新的砂土，以改善根圈的土壤質地並提高土壤的透氣性（圖 103）。

打洞創造土壤中更多空氣空間，促進更深的根系，因此幫助草維持健康。大多情況下，作業方式是移除緊實土壤中的土條，讓空氣和水流通，促進草坪的生長。打開的空間再填滿「鋪砂」如此可幫助土壤保留空氣的空間，且讓土壤內根系更容易往下生長。

圖 103　各種不同尺徑打孔棒

(2) 高壓水柱打洞真空栽培（Dry-jet Clutivation）：Dry-jet 的高壓水基噴射系統會在根部區域噴出通氣孔，使土壤破裂，而其專利的真空技術可同時使用砂填充孔隙。因並未移除土壤與草坪草，對草坪的傷害最小，對地面平整性的需求量最低，可提高操作的頻率。為幫助增加氧氣和水的滲透，深度可以在 2-12 吋之間調整（取決於土壤類型和壓實度）。

(3) 薄切（Slicing）及打釘（Spiking）：這兩種操作是利用 V 字型的刀片，切割土壤，促進通氣，這種操作並未移除土壤與草坪草，對草坪的傷害較小，

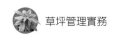

可每週操作。這類的操作可切斷地上部的匍匐莖與地下部的走莖，這類的傷害，可促進新芽的發生，有利於草坪密度的提高。

2. 垂直割草（Vertical Mowing）

利用垂直割草機對草坪進行切割（圖 104），調整刀片入土的深度，可進行不同類型的操作：

(1)進入草坪但未接觸枯草層：可用來梳理草坪表面因草坪草旋轉向的生長所產生的草紋（Grain），減少對推桿時球路走向的影響。

(2)接觸草盤層但未接觸土壤：可用來降低草盤層（De-thatching）。

(3)深入土層：可用來移除草盤層並對土壤進行耕耘，疏鬆土壤。

圖 104　垂直割草

3. 鋪砂（Topdressing）

鋪砂是在草坪的表面施以淺薄的土壤，可以用來填補上述各種栽培操作在土壤中所留下的孔隙，或是用以覆蓋草盤層，以利微生物分解消化草盤層（圖 105）。

鋪砂的操作極易產生土壤分層（Layering）的現象，造成土壤質地不均勻，影響根圈的管理。對於新建的果嶺，保留建造果嶺時所使用的砂土可以避免這個現象。對於無法取得相同質地砂土的場地，只能期望在進行 coring 時能夠均勻地導入到土壤中。雖然使用與建造果嶺相同的土壤，但用來鋪砂操作的土壤，因為土壤中已有足量的有機質，通常不需再拌入有機質，只以純砂即可。用來覆蓋草盤層的鋪砂操作，鋪砂的厚度與頻率，要配合草盤層形成的速度，通常在枯草層達 ¼ 吋時，進行操作，鋪上 ¹⁄₁₆ 吋的砂。

圖 105　鋪砂作業

（七）交播（Overseeding）

1. 時間（Timing）

　　為維護均一的草坪品質，冬季交播（圖 106）首重時機；因為交播時間太早會造成百慕達草競爭；時間太晚則會延遲或減少草籽的萌芽，造成不理想的交播效果。最佳的時機為土層 4 吋深，溫度為 22-25℃，平均晚上溫度亦維持 12-17℃。

2. 交播前置作業

(1) 3-4 週前應先行噴藥預防綿腐（*Pythium*）之殺菌劑。

(2) 停止氮素使用，減少本草上半部的生長。

(3) 在此時期每週應做淺溝垂直割草（Lightly Vertial Mowing），清除不需要之草盤層（Thatch）。

(4) 以直落式施肥器計算單位面積之草籽量，如：每 1,000 平方呎需多少磅之草籽量。

圖 106　交播

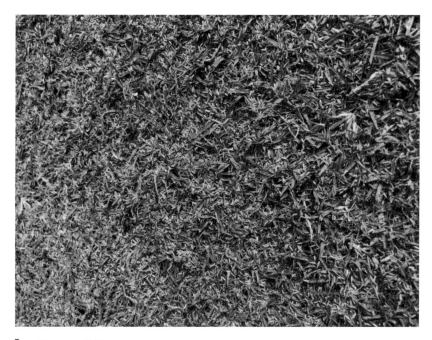

圖 107 草籽

圖 108 鋪砂

圖 109 托平

圖 110　噴水

圖 111　6 日完工發芽並同時可以割刈至
　　　　5 公釐後，再逐次降低割草高度

（八）生長調節劑（**Plant Growth Regulator**）

　　關於草坪維護管理預算最主要的影響因素為油料的花費及勞力支出，大部分的時間花費集中在栽培操作的密集人力，尤其是割刈及清理草屑。而使用植物生長調節劑（Plant Growth Regulators, PGRs）可減緩草皮幼芽萌發的垂直生長，因此可以減少割刈的操作，降低勞力及油料費用的支出。而一些生長調節劑的產品可以增加草坪的色澤、密度及高爾夫球場上的擊球質感。

　　在草坪管理上的人工生長調節劑依其作用模型，可分為 Type I 及 Type II。Type I PGRs 主要是抑制細胞分化；Type II PGRs 則是抑制古勃素（Gibberellin）的合成，而影響細胞的伸長，但細胞仍可正常的生長。而一些除草劑在低劑量時藉由干擾氨基酸（Amino Acid）及脂肪酸（Fatty Acid）的生合成而影響草坪的生長，如：嘉磷賽（Glyphosate）。人工生長調節劑除了可以減少草坪維護管理的成本支出外，尚可提升其他功能，如下：

1. 割刈高度於 ⅛ 吋時，可以增加球的滾動速度。

2. 加強色澤。

3. 改善草坪密度。

4. 增加抗旱性。

5. 增加耐陰性。

　　良好的草坪生長調節劑可減緩垂直的上端生長，但是並不影響地上走莖（Stolons）的側向及水平方向的生長擴張。草坪生長調節劑的使用可以減少割刈頻率，藉由減少割刈所造成之傷口，可降低病害的發生，減少農藥、肥料的施用量，並且降低割草機具的磨損消耗，減少管理維護成本的費用。除此之外，亦能增加草坪的美觀及質感，因此在近 10 年來對其研究也有逐漸增加之趨勢，成為當今草坪管理的重要課題之一。

（九）高爾夫球場生態環境

　　在美國，奧杜邦國際協會（Audubon International）、美國高爾夫協會（USGA）和美國高爾夫球場管理總監協會（GCSAA）合作建立了奧杜邦合作保護區系統，而奧杜邦國際協會前身為奧杜邦環境協會，是一個非營利性國際環保組織，成立於1886 年，協會目標是保育及復育自然生態體系，特別以鳥類及其他野生動物為重點，提升人類利用土地、水、能源之決策能力，並保護人類生活免受汙染、輻射及有毒物質之危害，維護人類福祉及地球之生物多樣性。從 1991 年開始，透過與美國高爾夫協會（USGA）及美國高爾夫球場管理總監協會（GCSAA）的通力合作，鼓勵透過認證改變管理維護方式（圖 112- 圖 116），目前美國及世界各地已有 900多家高爾夫球場加入該項目，全球範圍內有 24 個國家的球場，其中臺灣已經有 4家球場（霧峰、全國、再興及鴻禧太平高爾夫球場）成為該項目的成員。現在有一些舉措旨在表彰生態實踐卓越的高爾夫俱樂部，這個標準較高且象徵榮譽的競賽一直深受生態自我要求高的高爾夫俱樂部所熱愛，它也是獎勵對環境生態管理最佳實踐的球場的一種很好方式。這將會鼓勵大家自願地管理高爾夫球場環境和其他體育設施，提高他們的潛在環保意識，同時鼓勵整體性項目管理的維護。

（十）提高生物多樣性

　　大面積的綠地、物種多樣的自然和半自然植被、龐大的戶外運動場館等都是高爾夫運動所獨有的特性，相比其他體育項目場館，高爾夫球場草地綠化與周圍邊坡，使高爾夫運動成為與大自然連繫最為緊密的一項運動。也正是由於這一特性，使得高爾夫運動與生俱來就肩負著環保的重任，尤其是草盤層（Thatch）更是一個天然過濾系統。除了可以減少土壤表面逕流、過濾化學物質與微生物棲息，使得所有高爾夫球場也都能為保護大自然和生物的多樣性發揮出各自的潛力。生物品種的多樣性和生態鏈完備性是考察球場環保的關鍵一項，其中包括植物、鳥類、哺乳動物、無脊椎動物、兩棲動物、真菌類、餵養動物等生物生存環境的考察。生態學家們可以幫助高爾夫球場管理者最大化保護潛在的特定棲息地高爾夫球場，全面提升他們所擁有的高品質棲息地。

　　奧杜邦國際協會提供場地評估和環境規劃表，並提供指導和教育訊息，可以幫助高爾夫球場：環境規劃、野生動物和棲息地管理、減少化學藥品使用和安全、節約用水、水質管理及外展與教育，必須符合此六大項專業管理規範。

　　根據奧杜邦提供的特定站點報告，製定一個適用於高爾夫球場的計畫並經由專業的第三方現場認證。通過在上述地區實施和記錄環境管理實踐，高爾夫球場才能是最有資格被指定為「奧杜邦合作保護區」，從而提高了其地位、聲譽及為環境保護盡一份心力。

　　「生態球場」並非是所謂的「有機球場」。「生態球場」雖然也會使用到農藥、肥料，但是會尊重原生鳥類、生物以及植物，透過有效的管理，朝著生態友善的方向去經營，讓大自然的動、植物共同生存！球場生物的數量，對於高爾夫球場是無形的資產。適當的管理，對於高爾夫球場業者及管理者甚至於擊球球友在生物多面向的共生共榮是有所幫助的。

圖 112　農藥、肥料均需精準施用並減量

圖 113　經由草坪中草盤層（Thatch）過
　　　　濾回收的噴灌用水蓄水池必須
　　　　要有生物性指標，方能證實水
　　　　質是良好的，並且無汙染物質

圖 114　奧杜邦國際協會（Audubon
　　　　International）認證之生態球場
　　　　必須經學者第三方認證

圖 115　完成認證的高爾夫球場

圖 116　奧杜邦認證證書

　　近年來高爾夫球場及大型運動休閒景觀草坪如雨後春筍般林立，因而衍生出許多草坪病蟲害之問題，草坪病蟲害之有效防治有賴於管理者對害蟲生態之充分了解及對相關防治技術之適當應用，並避免施用過量化學藥劑或使用不當藥劑等問題而造成土壤及水質之汙染。草坪日常的實務管理是一門結合植物學、農藝學、土壤學、農業化學、農業機械學及人力資源與財務管理各項專業領域的跨領域管理科學。成功的草坪管理人員除了要能培養及掌握各專業領域的知識，來為特定場地設定與執行最佳的管理策略之外，配合各別場地的特性與需求，應付各種突發狀況的能力，在經驗的累積之外，所需要的是直覺。因此在某種程度上，草坪管理需要一定維護的強度，同時也是生態維護管理重要成分。

目前在草坪管理上建議可以使用的農藥

表 1　除草劑

英文商品名	中文商品名	中文普通名	英文普通名	劑型	時機	選擇性	對象	登記草坪使用
Roundup	年年春	嘉磷塞異丙胺鹽	Glyphosate IPA	41% 溶液	萌後	非選擇性	雜草	否
Liberty	百速頓	固殺草	Glufosinate-ammonium	13.5% 溶液	萌後	非選擇性	雜草	否
Tranxit	伏草丹	伏速隆	Flazasulfuron	25% 可溼性粉劑、25% 水分散性粒劑	萌後	選擇性	莎草科、部分禾本科	是
MSMA6.6 (51%)	安康草淨	甲基砷酸鈉	MSMA	45% 溶液	萌後	選擇性	牛筋草、馬唐草、兔兒菜、昭和草、紫背草、水蜈蚣	否
Basagran T/O (42%)	草霸王	本達隆	Bentazon	44.1% 溶液	萌後	選擇性	禾本科、部分闊葉及莎草	否
Quinclorac 75 DF (75%)	擴克草	快克草	Quinclorac	50% 可溼性粉劑	萌後	選擇性	禾本科、莎草科	是
Kixor	八將軍	殺芬草	Saflufenacil	70% 水分散性粒劑	萌前、萌後	選擇性	1. 闊葉 2. 水蜈蚣發生多時之草皮，應混合 44.1% 本達隆溶液	否
A-4D (46.7%)	嘉濱二四地	二四地胺鹽	2,4-D (AMINE)	40% 溶液	萌後	選擇性	闊葉	否
Stomp	金斯統普	施得圃	Pendimethalin	40% 溶液	萌前	選擇隆	萌前禾本科及闊葉雜草	否
Halosulfuron Pro Herbicide	邁草心	合速隆	Halosulfuron-methyl	75% 水分散性粒	萌後	選擇性	莎草科	是
Celero	真省工	依速隆	Imazosulfuron	10% 水懸劑	萌後	選擇性	莎草科	是
Devrinol	剃光頭	滅落脫	Napropamide	50% 水分散性粒	萌後	選擇性	牛筋草、馬唐草、酢漿草、昭和草、紫背菜、毛穎雀稗	是
Property	省學繁	百速隆	Pyrazosulfuron-ethyl	10% 水懸劑	萌後	選擇性	莎草科	是

註：MSMA（甲基砷酸鈉）於 2019 年 2 月 1 日禁止販賣使用。

表 2　殺蟲劑

英文商品名	中文商品名	中文普通名	英文普通名	類型	對象	登記草坪使用
Dursban (44.9%)	毒絲本	陶斯松	Chlorpyrifos	5% 粒劑	紅火蟻、夜盜蟲、蜈蚣、恙蟎、惡蚤、麥椿象、蟋蟀、切根蟲、蠐螬、蚊子、球鼠婦科、潮蟲、馬陸、飛蟲、蛾蝲類、亞目蟬蟲、介殼蟲、嚙嚙、螻蛄	是
Imidacloprid 2F Select	鐵補頭 / 如來神掌	益達胺	Imidacloprid	9.6% 溶液	紅火蟻、粉蝨類、夜蛾類、葉蟬類	否
Deltamethrin 2.5%Ec	戰蟲大禧精	第滅寧	Deltamethrin	2.4% 水懸劑	紋白蝶、東方果實蠅、鱗翅目、夜盜蟲	否
Turfcam(76%)	速伏敵	免敵克	Bendiocarb	50% 可溼性粉劑	葉蟬、飛蝨、雞母蟲、蚯蚓、麥椿象、蟎蟎、血紅扁頭蟬、蜈蚣、蟑螂、蠼螋、馬陸、蜘蛛、蠍子、靈魚、潮蟲、亞目黃蜂	否
Hockley Carbosulfan EC	聯克	丁基加保扶	Carbosulfan	48.34% 乳劑	介殼蟲、葉蟬、捲葉蛾、切根蟲、夜盜蟲、粉紋夜蛾、蚜蟲、粉蝨、粉介殼蟲、盲椿象、象鼻蟲、葉蟲	否
Larvin (37.5%)	來靈	硫敵克	Thiodicarb	75% 可溼性粉劑	紋白蝶、夜蛾類、毒蛾類	否
Diazinon(80%)	大利松	大利松	Diazinon	10% 粒劑	黑尾葉蟬、蛾類、蟎類	否
Fipscort Fipronil (5%)	接到實	芬普尼	Fipronil	0.3% 粒劑	紅火蟻、飛蝨、大青葉蟬、蚜蟲、粉蝨	否
Pro Turf Fluid Insecticide	興紗文	加保利	Carbaryl	85%/50% 可溼性粉劑 39.5%/44.1% 水懸劑	夜蛾類、雞母蟲、切根蟲、夜盜蟲、蟆蛄、紅火蟻、恙蟎、葉蟬、蟑螂、馬陸、蚊子、潮蟲、嚙蟲、沫蟬、彈尾目、蟑螂、麥椿象	是
Dylox	克頑蟲	三氯松	Trichlorfon	80% 水溶性粉劑	斜紋夜蛾、切根蟲	是
	三共加福斯	加福松	Isoxathion	50% 乳劑	斜紋夜蛾	是
Tea Saponin Powder	苦茶粕	茶皂素	Tea Saponin	粒狀	蚯蚓	否

表 3　殺菌劑

英文商品名	中文商品名	中文普通名	英文普通名	劑型	對象	登記草坪使用
Azoxy 2SC (22.9%)	果再來	亞托敏	Azoxystrobin	50% 水分散性粒劑 10% 水懸劑 23% 水懸劑 250g/L 水懸劑	炭疽病、褐斑病、仙女環、鎌刀斑、灰葉斑病、溶失病、葉枯懲病、葉銹病、粉雪懲病、溶失病、白粉病、腐黴枯萎病、根腐病、紅線病、莖腐病、紋枯病、夏斑病、坪全蝕病、條銹病、復腐病、全蝕草斑、黃斑病、綿腐病、錢斑病、結縷草斑	是
ProStar 70 WG (70%)	萬佳多	福多寧	Flutolanil	20% 水懸劑	粉斑病、褐斑病、仙女環、巨斑病、紅線病、白絹病、黃斑懲病、灰枯病、燒縷草、錢斑病、銹病、擔子菌、紋枯病、結縷草斑	否
Folio Gold	火力夠	四氮右減達樂	Chlorothaloni L Metalaxyl M	44% 混合水肥懸劑	露菌病	否
Iprodione 2F Select (23%)	護原精	依普同	Iprodione	23.7% 水懸劑	炭疽病、灰懲病、褐枯病、黃葉病、立枯絲核病、葉斑病	否
Fore Rainshield	大字霸生	鋅錳乃浦	Mancozeb	80% 可溼性粉劑	炭疽病、藻類、褐斑病、黃葉病、灰斑病、溶化病、腐黴枯萎病、紅線病、銹、雪腐病、黏菌病	否
Spotrete F (44%)	慶達生	得思地	Thiram	80% 可溼性粉劑	炭疽病、錢斑病、褐斑病、銹病、葉斑病、溶化病、紅線病、銅斑病、粉雪懲病、雪腐病、灰雪懲病	否
Trigger	好清淨	菲克利	Hexaconazole	5% 水懸劑	銹病、白粉病、瘤痂病、凋萎病	否
Thiophanatemethyl + Thiram	豐米	多得淨	Thiophanate-methyl + Thiram	80% 可溼性粉劑	褐斑病、銹病、燒枯病	是

表 4　百慕達草秋行軍蟲緊急防治藥劑及其使用方法與範圍

商品名	藥劑名稱	每公頃每次施量	施藥時期及方法	登記草坪使用
道禮農園寶	5.87% 賜諾特 SC (Spinetoram)	0.625 L	害蟲發生時間始施藥，每隔 10 天施藥 1 次。	是
道禮菜園寶	11.7% 賜諾特 SC (Spinetoram)	0.33 L	害蟲發生時間始施藥，每隔 10 天施藥 1 次。	是
愛將	100G/L (10% W/V) 諾伐隆 DC (Novaluron)	0.5-0.8 L	害蟲發生時間始施藥，每隔 7 天施藥 1 次。	是
達陣	20% 氟大滅 WG (Flubendiamide)	0.3-0.5 L	害蟲發生時間始施藥，每隔 7 天施藥 1 次。	是
賽速安勃	18.4% 剋安勃 SC (Chlorantraniliprople)	0.1-0.3 L	害蟲發生時間始施藥，每隔 10-14 天施藥 1 次。	是
包你富	5% 護塞寧 SL (Flucythrinate)	1 L	害蟲發生時間始施藥，每隔 7-10 天施藥 1 次。	是
先覺	10% 依芬寧 EC (Etofenprox)	1.6 L	害蟲發生時間始施藥，每隔 10-14 天施藥 1 次。	是
蟎靈	20% 依芬寧 WP (Etofenprox)	0.67 L	害蟲發生時間始施藥，每隔 10-14 天施藥 1 次。	是
見達利	48.1% 蘇力菌 WG	0.8-1 L	害蟲發生時間始施藥，每隔 7 天施藥 1 次。	是
住友福祿寶	54% 鮎澤蘇力菌 NB-200 WG	0.8-1 L	害蟲發生時間始施藥，每隔 7 天施藥 1 次。	是

表 5　殺線蟲劑

商品名	中文普通名	英文普通名	劑型	對象	登記草坪使用
魯力又	氟派瑞	Velum	400g/L 水懸劑	根瘤線蟲	否

表 6　生長調節劑

商品名	中文普通名	英文普通名	劑型	對象	登記草坪使用
擋主席	巴克素	Paclobutrazol	23% 水懸劑	百慕達草	否

CHAPTER 8

運動場草坪管理

　　如果公共草地運動場（圖117）的使用量過大，場地的草坪品質通常會變得很差。這些使用高頻率的場地通常容易會造成土壤的壓實（Compact），進而降低草坪密度。除了使用性差和草皮品質差外，壓實嚴重的運動場提供較少的緩衝能力，進而增加運動員受傷的風險。為了應對高使用頻率造成草坪損傷（Wearing），運動場管理經理人必須在使用過後立刻執行草坪通氣維護工作。

　　在臺灣，百慕達草是一個暖季型草種，在夏季表現良好、生長快速，對於高頻率使用後的草地運動場具有出色的耐磨性和恢復能力，因此是非常適合熱帶及亞熱帶草地運動場所選擇種植的草種。事實上，百慕達草被認為是美國南部運動場的草種，臺灣亦然。與冷季型草種相比，百慕達草的灌溉要求較低，夏季生長更旺盛，但是蟲害和疾病可能發生的頻率較高，因此為了提供高品質的運動草皮，一定強度的防治計畫是必需的。運動草皮的建立方案，一般會在5月底或6月初播種或種植百慕達草，而不是播種冷季型草種，目前已有一些百慕達草品種的耐寒性提高，此草種也早已在美國南部使用。

圖117　Home Depot 多功能草地運動場館

　　然而，百慕達草的主要缺點是冬季耐受性差，可能在第一次寒害之後出現稻草色的外觀，亦可能在嚴冬死亡。在最壞的情況下，百慕達草場的大部分地區可能需要在過度使用後於春季重建。百慕達草也有一些種子品種對美國南方的冬天是耐受的。因此部分地區在第一次霜凍來臨之前，會在 9 月下旬交播（Overseeded）多年生黑麥草或粗莖藍草，以解決百慕達草冬季休眠的問題。這樣做也可以讓百慕達草度過因為冬季使用過度的草坪死亡和春季無法恢復綠化的風險（圖 118）。

圖 118　龍騰運動場種植百慕達草 Tifway 419，攝於 2010 年

如何建立草地運動場

1. 第 1 步

　　種植草種的生長層以 USGA[註一]明細規格分級，調整場地表面排水引流，如冠頂不足或現場低點。再用非選擇性除草劑如嘉磷賽等，去除現有植被。以種子或草莖種植之運動場的百慕達草，在 5 月底或 6 月初種植是最佳時機（圖 119- 圖 123）。

2. 第 2 步

　　在 8 月下旬至 9 月中旬建造完成之場地，如果在冬季需要一個翠綠的場地和 / 或比賽，可於 11 月（臺灣北部）和 12 月（臺灣中、南部），用多年生黑麥草交播百慕達草草皮。

3. 第 3 步

　　如果草坪上一季有冬季死亡或嚴重損壞，在春季來臨時需要有更新及施肥作業之步驟讓草坪得以恢復。

圖 119　百慕達草 419 草莖種植

圖 120　百慕達草 419 草莖種植完成

圖 121　百慕達草 419 草莖種植完成後鋪
　　　　砂作業

圖 122　百慕達草 419 草莖種植完成及鋪
　　　　砂作業後噴水

圖 123　百慕達草 419 草莖種植建立完成

研究顯示，將百慕達草播種或將百慕達草放入現有草皮中是無效的。因此，最好用非選擇性除草劑噴施整個現場，直到在初始播種之前完全死亡。如果從苗圃取得草莖種苗，需使用垂直切割機，並將土壤表面種植苗床準備到 0.25-1.0 吋的深度再鋪砂覆蓋。在種植草莖種苗或播種草坪種子之前，請務必評估地表排水。適當的地表排水是對於所有運動場草坪建立的成功重要關鍵。如果把百慕達草種植到該地區稍深一點的深度，這種對土壤的破壞是適當的，並且與土壤接觸，這才是正確建立所必需的。接下來再施 1.0-1.5 磅的 P_2O_5/1,000 平方呎高磷的肥料，以增強生長發育。

播種或種百慕達草的最佳時間是春末夏初，美國南部及臺灣播種的最佳時間是 5 月至 6 月。最好提前播種，以提高多季生存和踐踏的耐受性。根據土壤溫度和溼度，應在 7 至 14 天內發芽。在播種後 5 到 8 週內通常會有 90% 的覆蓋率。

種植百慕達草的種子量為 0.5-1.0 磅 /1,000 平方呎。將種子的一半播種一個方向，然後將另一半以直角播種至第一個方向。需確保良好的種子與土壤接觸。最大限度地利用種子土壤接觸，實現快速發芽和草坪建立至關重要。

草莖種植是去除成熟植物的莖或根莖，並在不同位置重新種植的過程。草莖通常只有幾吋長，包含三個或四個節點，從中生長出新的植株。透過垂直切割機的作業後再來收穫。大多數種植百慕達草的草皮公司也出售百慕達草草莖，可以收穫自己的草莖。建立帶的草莖區域：(1) 輕微淺溝耕種來準備土壤苗床；(2) 從健康區域收穫草莖；(3) 在裸露的土壤上廣播草莖；(4) 嵌入與鋪砂；(5) 應用萌前除草劑如樂滅草（Ronstar, Oxadiazon）在建議的使用量來控制年度草雜草；(6) 施 1.5 磅 P_2O_5/1,000 平方呎；(7) 少量多次的噴水灌溉（圖 124- 圖 127），以促進再生。大約 1 週後，新的增長植株將開始出現。

根據天氣的不同，新播種的場地可能需要每天灌溉 2 到 4 次。應用足夠的水來滋潤頂部 ½ -1 吋的土壤輪廓，但避免過度澆水和飽和區域。一旦幼苗高 1-2 吋，逐漸降低灌溉和噴水的頻率。經過 2 到 3 次割草，百慕達草只需要很少或不需要補充灌溉，除非在嚴重的乾旱，而適度灌溉將提高草坪覆蓋率。新種植區一旦噴水，就應進行灌溉，直到土壤含水量接近飽和，然後每天灌溉幾次，以保持該地區的溼潤。一旦草坪開始建立根系，即可逐漸減少噴水灌溉。

圖 124　自動噴灌系統

圖 125　隱藏式噴頭

圖 126　噴灌系統加壓站機房，陸上型馬達及控制器

圖 127　簡易噴灌

修剪

　　生長早期割百慕達草會使得草皮迅速填滿。當前幾株幼苗高 1 吋時，應開始割草。在第一次割草可能只影響 10% 的植株，第二次割草影響 20-30% 的植株。在前幾次割草過程中要小心潮溼的表面，因為可能會發生過度低割（或輪胎車痕）。百慕達草最佳割草高度應在 1-1.5 吋，可以使用滾刀或旋刀式割草機（圖 128- 圖 130）。百慕達草在夏天的生長比涼爽的季節生長得更快。由於較高的增長率，幾乎每天需要割草以避免去除超過葉片的三分之一（割草三分之一原則）。草坪上修剪割草機主要有二種型式：(1) 滾刀式；(2) 旋刀式。滾刀式割草機有筒狀滾動的刀片，滾刀將草收進來到固定住的底刀處，將草切斷。

　　滾刀式割草機可提供最優良品質的修剪，雖然較為昂貴但是割刈高度可以調至最低。有時調整設置困難，且需要特別的磨刀機具設備。並且，它們不可用在有石頭的區域、樹枝或其他常見的雜物，因為可能傷害刀組。因這些原因，滾刀式割草機通常應用在細緻的草坪區域。旋刀式割草機是橫向獨立刀片，用衝擊模式割草，因此形成比滾刀式割草機更粗糙的修剪面。然而，鋒利的旋刀需要精確的調整，但比滾刀式割草機更易於維護。不論選擇何種割草機，很重要的是都須盡可能維持刀具的鋒利度。鈍刀會拉扯傷害草葉，而非割斷草葉。會造成草坪作物受傷過度，而使草坪變成褐色。

圖 128　滾刀式割草機

▐ 圖 129　滾刀式割草機之刀具組

▐ 圖 130　旋刀式割草機

施肥

　　新幼苗的根系發育不良，無法有效地吸收土壤中的養分。因此，肥料是重要的建立草坪因素。除了播種時的啓動肥料外，在播種後 2 週和 4 週內，對百慕達草施用 1.0 磅 N/1,000 平方呎，可鼓勵生長，增加植物密度。由於百慕達草是一種熱帶的季節草，可以使用快速釋放型肥料，如尿素、硫酸銨或硝酸銨等肥料的應用。每4 週應用 1.0 磅 N/1,000 平方呎，直到 8 月中旬最後一次施用。8 月中旬後施肥百慕達草可以增加越冬的可能性。但是一定要對土壤進行 P 和 K 含量的試驗，必要時進行補充吸收。

雜草控制

　　百慕達草迅速發芽和填充，但來自一年生年雜草和闊葉雜草的競爭可能會阻礙生長建立。因此，可能需要使用適當的除草劑來防制。在播種前避免使用萌前除草劑，以限制發芽。對於一年生雜草的預生長和後恢復控制，如馬唐。避免對草進行雜草控制、噴施嘉磷賽，因為百慕達草對這種除草劑很敏感。為了控制闊葉和一年生雜草，快克草是安全可以使用在生長期間或後播種的百慕達草。

持續維護

1. 冬季交播（Overseeding）

　　球類賽季後交播磨損區域。這通常發生在春末或晚秋，這兩者都不是理想的播種期，常用的冷季型草種，如多年生黑麥草或肯塔基藍草。此外，常年黑麥草和肯塔基藍草不能很好地適應溫暖潮溼的夏天。即使建立良好，它們在夏季仍然很弱，容易受損害。如果在秋季舉行運動賽事，最好事先檢視百慕達草運動場與多年生黑麥草的生長（圖 131- 圖 132）。多年生黑麥草的檢視應在 8 月下旬至 9 月中旬，在第一次寒流之前或大約 4 個星期之前的秋季運動賽事。常年黑麥草的通常播種速率為 10-15 磅 /1,000 平方呎，因此成本高昂。百慕達草比常年黑麥草和肯塔基藍草具有若干優勢，更適用於運動場館領域，包括積極的夏季生長和疾病耐受性。雖然百慕達草可能並不完全適合每個運動場館場地，但它可以為過度使用的夏季和秋季使用場館提供覆蓋率良好的草坪。

圖 131　奧蘭多迪士尼世界體育園區（百慕達草交播黑麥草）

圖 132　Petco Park in San Diego（黑麥草）

2. 草坪繁殖後更新

　　草地運動場館過度使用及人爲經常使用區塊如足球場的中場、門前 12 碼位置與棒球場內野，因爲使用頻率高，平時可以增加實心打洞次數與施肥量期使快速恢復。不同尺寸長短的實心、中空打孔棒是必備的。在打完洞之後立即滾壓（滾壓機勿超過 1,000 公斤）也是必需的作業規劃。

【註一】

- 1960 年，經美國高爾夫協會及多所大學進行多年科學化研究後，發表了「美國高爾夫協會果嶺結構明細規格」（USGA，圖 133- 圖 134）。在那時，被視爲革命性的，而且偏離了當時公認的典範，即是，土壤摻配一般由等量的砂、土壤和有機物組成。新的規格則使用當地隨時可取用的砂、土壤及有機材料，而以科學化比例摻配，以確保所需的土壤物理特性。規格是根據土壤內水分移動、土壤的物理性質，及壓實和內部排水不良原因等有關科學資料訂定。

圖 133　USGA 明細規格

圖 134　USGA 明細規格剖面

底層

- 一個優良的建造者會把底層（就是興建的基底）盡力做到上下誤差 1 吋的範圍內。

- 底層應該在預定的草坪面下 16-18 吋。底層應該仔細的壓實，以防止未來的沉陷，而可能產生含水性下陷，並破壞有效的排水線作業。

- 底層上的材料層有至少 4 吋的礫石、2-4 吋的粗砂中間層，以及至少 12 吋的（未壓實的）草根區混合料。因而全部深度大約為 18 吋。經驗顯示，當全部完成時，這些材料會沉降到 16 吋左右。

排水

- 排水線應該至少有 4 吋直徑，而間隔做到使水分無需流過 10 呎以上，以抵達排水面。

- 魚骨形或網狀，適合大部分的情況。

- 壕溝也可以砂礫充填外部，小心不要移動排水磚，或覆蓋住接頭。

- 所有的排水線必須具有正斜度，最小 0.5% 或更陡的斜度也可以，不過排水線很少需要比 3-4% 更陡的斜度。

砂礫和粗砂層

- 在這個建造階段，在整個所在地應頻密的插入深度樁，在打進底層後，每一支樁都須在底層上 4 吋、6 吋到 8 吋，及 18 吋到 20 吋作出記號。

- 裝設了深度樁後，整區應該覆蓋一層至少 4 吋厚的、乾淨清洗過的礫石，或軋碎的石頭。

- 在使用目的上來說，最好使用豆狀礫石（粒徑 ¼ 吋到 ⅛ 吋）。

- 有若干人強烈主張 2-4 吋中間砂層並不必要，而且鋪設起來非常昂貴。經過去仔細的研究，現在肯定且推薦這項規格要求，所以 USGA 明細規格須具有中間砂層，這是安置高水位的觀念的整體部分。

- 中間粗砂層必須用人工分布，不能用機器。用電引機或堆土機沒辦法平均散布 2-4 吋的砂層。

植根生長區（root zone）配料

- 興造方法有賴於植根生長區適當的物理特性，以及地下排水床與土壤的關係，才得成功。

- 成功的興建有賴於植根生長區配料的物理及水力性質，在採購興建材料前，必須作實驗室的實質土壤分析。

- 顆粒大小：植根生長區配料最好不含有大於 2 公釐粒徑以上的顆粒。過去 30 年的觀察現場顯示，理想的顆粒大小，用於土壤混料的砂應在 0.25-0.75 公釐之間，細砂（0.25-0.10 公釐）和尤其是極細砂（0.10-0.05 公釐）應維持在最低水準，而對整體來說，不可以超過總混料的 10%。此外，植根生長區配料應含少於 5% 的淤泥（0.05-0.002 公釐）和少於 3% 的黏土（小於 0.002 公釐）。在這裡應該注意，在某些氣候和其他情況下，小於 0.25 公釐砂含量，可能必須低於 10%。由於可得材料的差異極大，有時需作超出這些嚴格常數之外的建議。不過，任何砂的測試，乃在它存於纖維性有機物料和土壤中的行為。

- 當植根生長區配料成分的適當比例決定後，按照所指示的比例混合極為重要。注意，這類建議，必須毫無例外的用體積表示而非重量。淤泥和黏土百分比的微小失誤，可能導致後續排水不良嚴重的後果。

每個 1,000 平方呎區表面所需的材料量

	深度	體積
礫石	4 吋深	12 立方碼
粗砂	2-4 深	6-12 立方碼
植根生長區	12 吋深	37 立方碼
排水管	約 100 呎長	-

筆記欄

筆記欄

國家圖書館出版品預行編目資料

草坪管理實務／謝清祥，陳宏銘編著. －－初
版. －－臺北市：五南圖書出版股份有限公
司，2022.11
面；　公分
ISBN 978-626-343-360-1 (平裝)

1.CST: 綠地 2.CST: 園藝學 3.CST: 景觀工
程設計

435.7　　　　　　　　　　　111014549

5N08

草坪管理實務

編 著 者 — 謝清祥、陳宏銘

編輯主編 — 李貴年

責任編輯 — 何富珊

封面設計 — 姚孝慈

出 版 者 — 五南圖書出版股份有限公司

發 行 人 — 楊榮川

總 經 理 — 楊士清

總 編 輯 — 楊秀麗

地　　　址：106臺北市大安區和平東路二段339號4樓

電　　　話：(02)2705-5066　　傳　　真：(02)2706-6100

網　　　址：https://www.wunan.com.tw

電子郵件：wunan@wunan.com.tw

劃撥帳號：01068953

戶　　　名：五南圖書出版股份有限公司

法律顧問　林勝安律師

出版日期　2022年11月初版一刷
　　　　　2024年11月初版二刷

定　　　價　新臺幣350元

經典永恆・名著常在

五十週年的獻禮──經典名著文庫

五南，五十年了，半個世紀，人生旅程的一大半，走過來了。

思索著，邁向百年的未來歷程，能為知識界、文化學術界作些什麼？

在速食文化的生態下，有什麼值得讓人雋永品味的？

歷代經典・當今名著，經過時間的洗禮，千錘百鍊，流傳至今，光芒耀人；

不僅使我們能領悟前人的智慧，同時也增深加廣我們思考的深度與視野。

我們決心投入巨資，有計畫的系統梳選，成立「經典名著文庫」，

希望收入古今中外思想性的、充滿睿智與獨見的經典、名著。

這是一項理想性的、永續性的巨大出版工程。

不在意讀者的眾寡，只考慮它的學術價值，力求完整展現先哲思想的軌跡；

為知識界開啟一片智慧之窗，營造一座百花綻放的世界文明公園，

任君遨遊、取菁吸蜜、嘉惠學子！